Aviation Bookstore
aviation step by step

AF871344

Instrumentos del Avión

Edición 2

Aviation Bookstore
aviation step by step

Publicado por Nuria Rocio Balduzzi Raimondi
Aviation Bookstore ®

Aviation Bookstore ® es una marca registrada
Marca editorial independiente, no afiliada a Airbus SAS, Boeing Company, ni a ninguna otra institución aeronáutica.

Introducción

El conocimiento del "detrás del instrumento" es clave, ya que comprender una falla, no solo puede contribuir a la gestión de una potencial emergencia, sino que también provee herramientas para la toma de decisión con respecto al uso o aplicación de otros sistemas, instrumental, etc.

La formación del piloto debe ser pensada como un conjunto interdisciplinario de conocimientos, con una aplicación práctica de objetivo común: llevar a cabo un vuelo de manera segura y exitosa. Este nuevo tomo de la colección, propicia la difusión de temas técnicos complejos con el mismo modo de comunicación didáctico, a través de desarrollos sencillos con aplicación y ejemplos prácticos en todos los casos.

Capt. Facundo Conforti

Aviation Bookstore
aviation step by step

Aviation Bookstore
aviation step by step

Índice

Capítulo 1 – Conceptos Teóricos Fundamentales

Capítulo 2 – Instrumentos del Avión

Capítulo 3 – Sistema de Vuelo Automático y MEL

Capítulo 4 – Comunicaciones y Registradores de Vuelo

Capítulo 1

Conceptos Teóricos Fundamentales

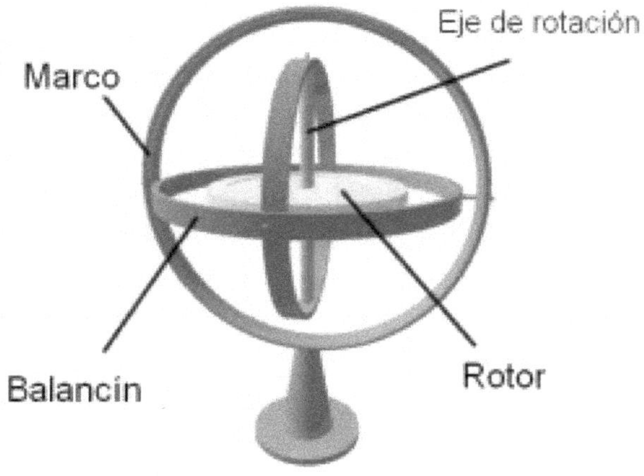

Aviation Bookstore
aviation step by step

Principio giroscópico

El giróscopo es un dispositivo mecánico capaz de medir, mantener o cambiar la orientación en el espacio de un móvil. El principio de funcionamiento de este dispositivo se fundamenta en dos principios básicos de la mecánica del continuo: la precesión y la rotación; basados en la segunda Ley de Newton.

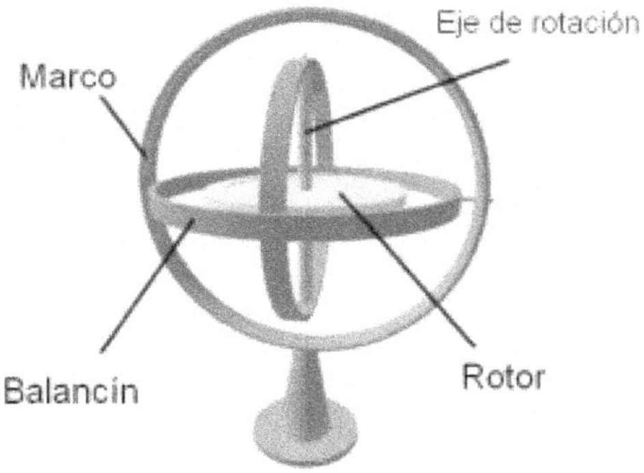

Como el principio giroscopio es complejo y abstracto, se mostrará su mecánica de funcionamiento en un ejemplo sencillo. Para ellos se supone que frente a un individuo se dispone un giróscopo, un disco atravesado por un eje. Imaginémoslo de forma tal que el eje se encuentre en horizontal, frente a nuestros ojos, y nuestras dos manos agarren los extremos; por tanto, veremos el "canto" del disco en vertical.

Debe considerarse, entonces, que el disco comienza a girar en el sentido en el que su parte superior se "aleja" del individuo y la inferior se "acerca". Si el individuo al frente sube su mano izquierda, baja la derecha, inclinando el eje de giro del disco. Si se observa el punto de referencia, se observa que ya no viaja de abajo arriba, sino en diagonal, es decir, de abajo arriba y de izquierda a derecha. Ahora se debe dividir mentalmente el disco, sin detenerlo, en dos mitades: la más alejada de nosotros (la mitad del disco que no se ve) y la más cercana.

En la más cercana, viaja hacia arriba y a la derecha. Por supuesto, no sólo el punto rojo, toda la masa del disco sigue estas direcciones en cada mitad. La componente vertical del movimiento (arriba o abajo) podemos ignorarla, porque ya existía antes de inclinar el eje, aunque era mayor. Lo realmente nuevo son las componentes horizontales del movimiento. La masa se está desplazando de derecha a izquierda en la parte más alejada del disco, y de izquierda a derecha en la más cercana, en la que vemos.

Estos movimientos de masa con una componente horizontal, que aparecen al inclinar el eje, originan reacciones (3.ª Ley de Newton) opuestas a ellos, y por tanto el disco experimentará una fuerza hacia la derecha en su parte alejada, y hacia la izquierda en su parte cercana. Esta fuerza, sorprendente y desconcertante para quien no conoce el fenómeno, es el efecto giroscópico.

Es por ese nuevo momento angular perpendicular al plano de rotación inicial por el que, si el giróscopo no está restringido en sus ejes de movimiento, al pretender girar dicho plano experimenta otra rotación (como reacción newtoniana a dicho momento) también en un tercer eje perpendicular al giro y a su eje de rotación inicial.

Para una mejor comprensión del concepto se incluye un breve video explicativo del doctor Robert H. Frisbee, ingeniero de propulsión de la NASA. Para visualizarlo, escanee el código QR con su celular o tableta.

Principios físicos de las radio comunicaciones

Las radiocomunicaciones son una forma de enlace remoto entre dos puntos que permite la transferencia de un mensaje verbal entre ambos puntos. La comunicación es posible gracias al uso de frecuencias de radio (ondas hertzianas) dentro del movimiento de un campo magnético, en este caso, la propia atmósfera.

Una onda de radio tiene su génesis cuando una partícula subatómica es excitada a una frecuencia ubicada dentro de una radiofrecuencia conocida del espectro electromagnético. Cuando la onda generada actúa sobre un conductor eléctrico (antena), produce una carga eléctrica, que se transforma en la señal que emitirá la antena emisora y será capaz de ser recibida por otra antena receptora.

Para una mejor comprensión del principio, se definirán alguno de los conceptos claves del proceso antes resumido.

Frecuencia electromagnética

El espacio electromagnético es el ordenamiento natural y físico en el que se distribuyen las ondas electromagnéticas. Los espectros electromagnéticos comprenden todos los tipos de radiaciones que se encuentran presentes en la naturaleza, desde la radiación gamma, la ultravioleta, la luz visible, la radiación infrarroja y todas las frecuencias de transferencia de datos y comunicaciones.

El espectro electromagnético abarca longitudes de onda muy variadas. Las frecuencias presentes en la atmósfera varían de los 30 Hz hasta los 2,9 x 10^{27} Hz. El desarrollo del espectro electromagnético es realmente complejo, al no ser materia de desarrollo del presente libro, la mención se hará en función de las frecuencias de uso aeronáutico.

Por lo tanto, el espacio electromagnético se divide en distintas bandas, a continuación, se expone una tabla donde se pueden observar todas las bandas y agrupamiento del espacio; de ellos, luego se identificarán los de uso para sistemas aeronáuticos de navegación y comunicaciones.

Nombre	Banda	Frecuencia	Longitud de onda
Frecuencia tremendamente baja	*TLF*	Inferior a 3 Hz	100000 km
Frecuencia extremadamente baja	*ELF*	3 a 30 Hz	100000 a 10000 km
Frecuencia súper baja	*SLF*	30 a 300 Hz	10000 a 1000 km
Frecuencia ultra baja	*ULF*	300 a 3000 Hz	1000 a 100 km
Frecuencia muy baja	*VLF*	3 a 30 kHz	100 a 10 km
Frecuencia baja	*LF*	30 a 300 kHz	10 a 1 km
Frecuencia media	*MF*	300 a 3000 kHz	1 km a 100 m
Frecuencia alta	*HF*	3 a 30 mHz	100 a 10 m
Frecuencia muy alta	*VHF*	30 a 300 mHz	10 a 1 m
Frecuencia ultra alta	*UHF*	300 a 3000 mHz	1 m a 100 mm
Frecuencia súper alta	*SHF*	3 a 30 gHz	100 a 10 mm
Frecuencia extra alta	*EHF*	30 a 300 gHz	10 a 1 mm

Las comunicaciones y los sistemas de radioayudas utilizados en la industria aeronáutica se ubican en su gran mayoría en la frecuencia VHF. Sin embargo, existen sistemas de comunicación alternos (de largo alcance) que funcionan en HF; también existen sistemas de navegación radioeléctrica que usan bandas AM en frecuencias LF y MF, como por ejemplo los viejos NDB.

A modo de resumen, y con el objetivo de lograr una mejor interpretación de cada uno de los sistemas que se desarrollará a lo largo del presente libro, a continuación, se expone un gráfico desarrollado por la Federal Aviación Administration donde se identifica el uso de cada una de las frecuencias en los sistemas y equipos de la aeronave.

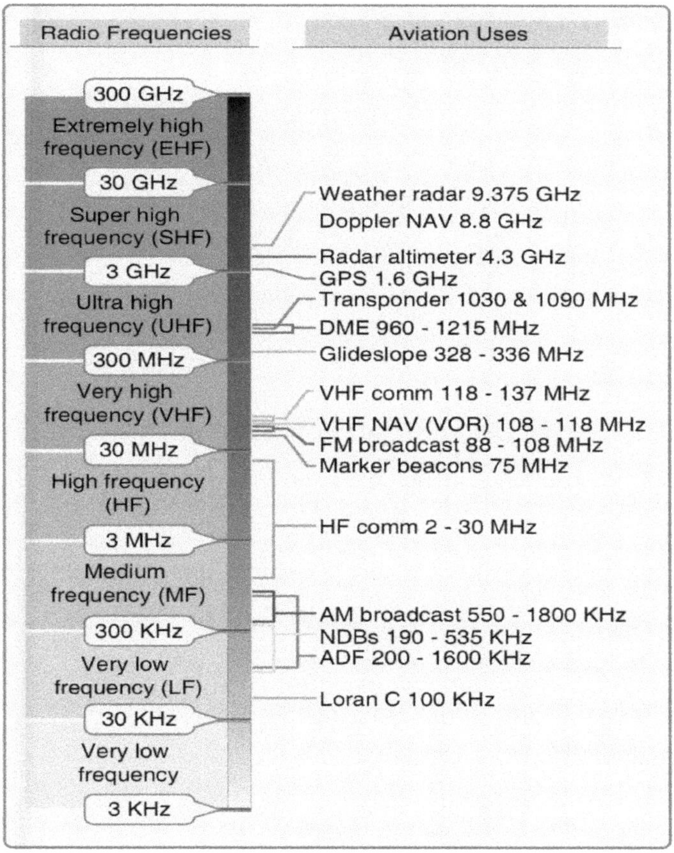

Uso de las frecuencias en los sistemas de la aeronave. El gráfico original fue publicado en el documento de la Federal Aviation Administration FAA-H-8083-31 "Aviation Maintenance Technical Handbook-Airframe".

Antena

Es un conductor metálico que posee la capacidad de emitir y recibir ondas electromagnéticas, hacia y desde la atmósfera. Cuando una antena se encuentra transmitiendo, transduce o transforma energía eléctrica en ondas electromagnéticas, sin embargo, cuando la antena se transforma o actúa como receptora realiza el proceso inverso: de onda electromagnética en energía eléctrica.

Antes de enumerar los tipos de antenas, es importante considerar que las antenas de transmisión convierten la energía eléctrica de alta frecuencia en energía electromagnética que se irradia en el espacio circundante. Por su parte, las antenas de recepción capturan la energía electromagnética y la convierten en energía eléctrica, que luego se transmite a un dispositivo de recepción. La Ley física de la reciprocidad indica que una antena tendrá la misma ganancia y propiedades direccionales cuando se utiliza para la transmisión, como para la recepción de señales.

Para comprender el funcionamiento de una antena, deberán considerarse las siguientes características:

Diagrama de radiación: es la expresión de las características de emisión y recepción de la antena, en cuanto a las coordenadas de azimut y elevación. En este diagrama, que es típico para cada antena, se encontrará la información vinculada con las capacidades de máxima radiación, los márgenes angulares, el ancho de haz.

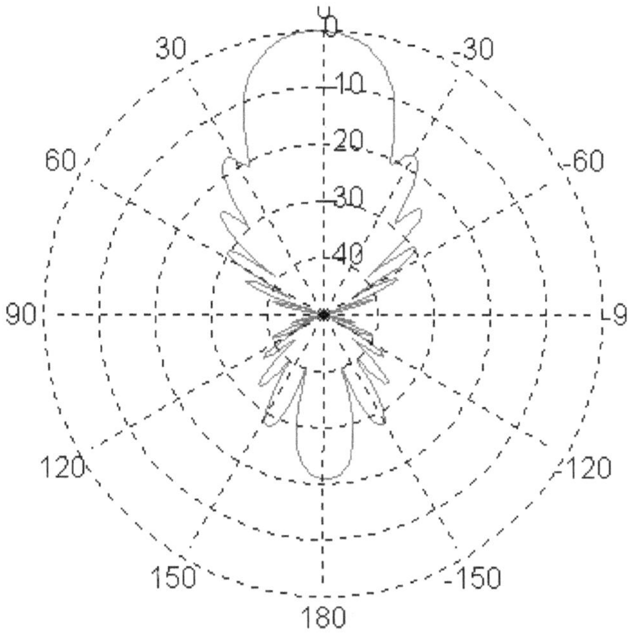

Diagrama de radiación típico de una antena

Tomando en consideración una clasificación general y el diagrama de la figura los tipos de antenas, se deben mencionar identificar de acuerdo con su diagrama de radiación de acuerdo con el siguiente detalle:

- Antena isotópica
- Antena directiva
- Antena bidireccional
- Antena omnidireccional

Otros aspectos importantes que deben ser considerados relacionado con el diagrama de radiación, ya que darán la información cuali y cuantitativa de las prestaciones de la antena son:

- Dirección de apuntamiento: representa la máxima radiación que puede emitir la antena. Son un elemento de cuantificación de la directividad y la ganancia.
- Lóbulo principal: representa el límite angular alrededor de la máxima radiación del dispositivo.
- Lóbulos secundarios: representan el resto de los máximos relativos y el valor inferior principal.
- Ancho de haz: es el margen angular de direcciones en las que el diagrama de radiación posee un valor 3dB por debajo del máximo.
- Ancho de banda: es el margen de frecuencias en el que la antena es capaz de emitir y recibir señal, de acuerdo con las características de diseño o esperadas. El ancho de banda se determina a través de las frecuencias superior e inferior, fuera de ellas, el nivel de energía de la antena decrece más de 3 dB.

Directividad: es la relación entre la intensidad de radiación en la dirección del lóbulo principal y la intensidad de radiación de una antena isotrópica.

Ganancia: es la expresión de la potencia en la dirección de máxima radiación de la antena. La Ganancia (G) se produce por el efecto de la directividad al concentrarse la potencia en las zonas indicadas en el diagrama de radiación.

En otras palabras, la ganancia de una antena se define como la relación entre la densidad de potencia radiada en una dirección y la densidad de potencia que radiaría una antena isotrópica, a igualdad de distancias y potencias entregadas a la antena. Debe considerarse también que, si la antena no posee pérdidas de resistividad (pérdidas óhmicas), la directividad y la ganancia son valores equivalentes.

Eficiencia: es la relación entre la potencia de radiación y la potencia entregada a la antena. También puede entenderse como la relación entre la ganancia y la directividad.

Impedancia de entrada: es la relación entre la tensión y la corriente a la entrada de la antena. La parte real de la impedancia se la conoce como resistencia de la antena y la parte no real es la reactancia del dispositivo. La resistencia de la antena está confirmada por la suma de la resistencia de radiación y la resistencia que producen las pérdidas.

Polarización: es la cuantificación de la polarización electromagnética en una determinada dirección de funcionamiento. La polarización también se expresa como la figura geométrica que traza el extremo del vector campo eléctrico a una cierta distancia de la antena, al variar el tiempo. La polarización puede ser lineal, circular y elíptica. La polarización lineal puede tomar distintas orientaciones (horizontal, vertical, +45°, -45°). Las polarizaciones circular o elíptica pueden ser a derechas o izquierdas (dextrógiras o levógiras), según el sentido de giro del campo.

Antena VHF instalada en una aeronave Cessna 182

En la esta figura se observa una antena de fibra de vidrio rígida, de ¼ de onda. Es el tipo de antenas más utilizadas en la aviación general para los sistemas de comunicaciones VHF.

Otro aspecto importante vinculado con las antenas es su modo de instalación, aislamiento y conexión hacia los dispositivos receptores / emisores. Las antenas siempre deberán poseer conexiones a través de cables coaxiales, este tipo de conductor mallado y con doble aislamiento permite reducir el nivel de pérdidas, interferencias electromagnéticas y demás variables que afecten el flujo eléctrico o electromagnético. En la aviación general se utilizan, habitualmente, dos tipos de cables coaxiales: RG-58 de 50 Ω de aislamiento simple o el RG-400 de 50 Ω con blindaje y doble aislamiento.

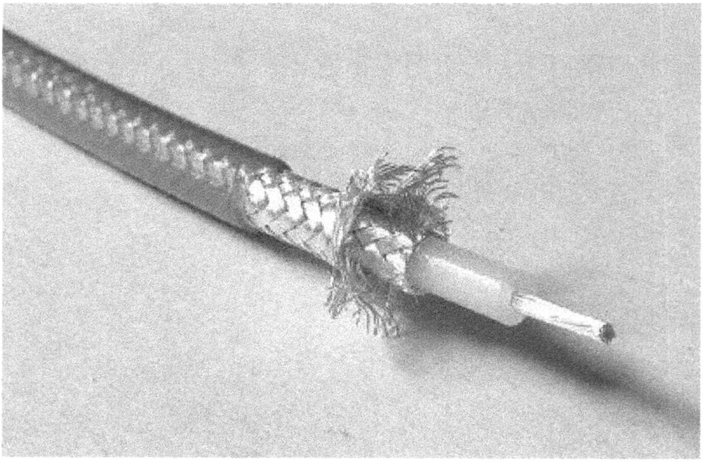

Vista de un cable multifilar RG-400

Con respecto a la instalación de las antenas debe tenerse en cuenta las siguientes variables para obtener el rendimiento esperado:

- Obstrucción en la recepción de señal, debido a una ubicación inadecuada en el fuselaje.

- Filtraciones electromagnéticas por aislamiento deficiente.
- Ruidos y inconsistencias debido a la falta de amortiguación de la vibración normal de la aeronave.
- Trepidación aeroelástica de la aeronave.
- Interferencia por corriente estática.

Aceleración y acelerómetros

Para comprender como funciona un acelerómetro, primero debe realizarse un breve repaso sobre el concepto general de la aceleración. Conceptualmente la aceleración expresa la variación de la velocidad en función de una unidad de tiempo, de modo analítico la aceleración se expresa como una magnitud derivada vectorial. En casi todos los modelos de cálculo y aplicaciones, la unidad convencional para su cuantificación es m/s^2.

En la mecánica tradicional, la aceleración se define con la siguiente expresión derivada:

$$a = \frac{dV}{dT}$$

Sin embargo, para la física newtoniana, la aceleración un cuerpo con masa constante es proporcional a la fuerza que actúa sobre el mismo, según el criterio establecido en la Segunda Ley de Newton. Por lo tanto, se expresaría del siguiente modo:

$$F = m \times a \rightarrow a = \frac{F}{m}$$

Donde F representa la fuerza resultante que actúa sobre el cuerpo, m es la masa del cuerpo y a es la aceleración. Debe considerarse que, para cada instante o punto de la trayectoria, queda definido un vector velocidad que, en general, cambia tanto en módulo como en dirección al pasar de un punto a otro de la trayectoria. La dirección de la velocidad cambiará debido a que la velocidad es tangente a la trayectoria y esta, por lo general, no es rectilínea.

La medida de la aceleración puede hacerse con un sistema de adquisición de datos y un simple acelerómetro. Los acelerómetros electrónicos tienen la capacidad de cuantificar la aceleración en una, dos o tres direcciones (ejes vectoriales). En general, los acelerómetros, cuentan con dos elementos conductivos, separados por un material que varía su conductividad en función de las medidas, que a su vez serán relativas a la aceleración del conjunto.

Un acelerómetro, no necesariamente cuantifica la misma que la aceleración de coordenadas (cambio de la velocidad del dispositivo en el espacio), sino que es el tipo de aceleración asociada con el fenómeno de peso experimentado por una masa de prueba que se encuentra en el marco de referencia del dispositivo. Existen distintos tipos de acelerómetros, según la aplicación que se requiera del mismo; entre los más utilizados se encuentran:

- Acelerómetro mecánico: es el tipo más simple de acelerómetro, se logra a través de la unión de una masa a un dinamómetro, cuyo eje se encuentra paralelo a la dirección de la aceleración.

- Acelerómetro piezoeléctrico: su funcionamiento se basa en la utilización de un retículo cristalino piezoeléctrico sobre el sistema que se decide medir, un dispositivo de medición evalúa su comportamiento en función que la carga eléctrica generada por el elemento es proporcional a la fuerza aplicada sobre el mismo. Los acelerómetros electrónicos permiten medir la aceleración en una, dos o tres dimensiones, esto es, en tres direcciones del espacio ortonormales. Esa característica permite medir la inclinación de un cuerpo, puesto que es posible determinar con el acelerómetro la componente de la aceleración provocada por la gravedad que actúa sobre el cuerpo. Un acelerómetro también es usado para determinar la posición de un cuerpo, pues al conocerse su aceleración en todo momento, es posible calcular los desplazamientos que tuvo.

- Acelerómetro de condensador: a través de la cuantificación de la capacitancia de un condensador, el movimiento de un elemento situado entre sus placas y la variación de la capacitancia en función del movimiento del elemento interno, se puede medir vectores de aceleración en distintos ejes.

Los acelerómetros poseen múltiples aplicaciones en la industria aeronáutica. Son utilizados como dispositivos de activación de balizas ELT (ver ELT en capítulos posteriores), en sistemas de navegación asociado a inerciales, dispositivos de control estructural ("getómetros")... incluso en instrumentos capaces de mostrar al piloto el nivel de aceleraciones al que está expuesto en maniobras de alta performance.

Aviation Bookstore
aviation step by step

Capítulo 2

Instrumentos del Avión

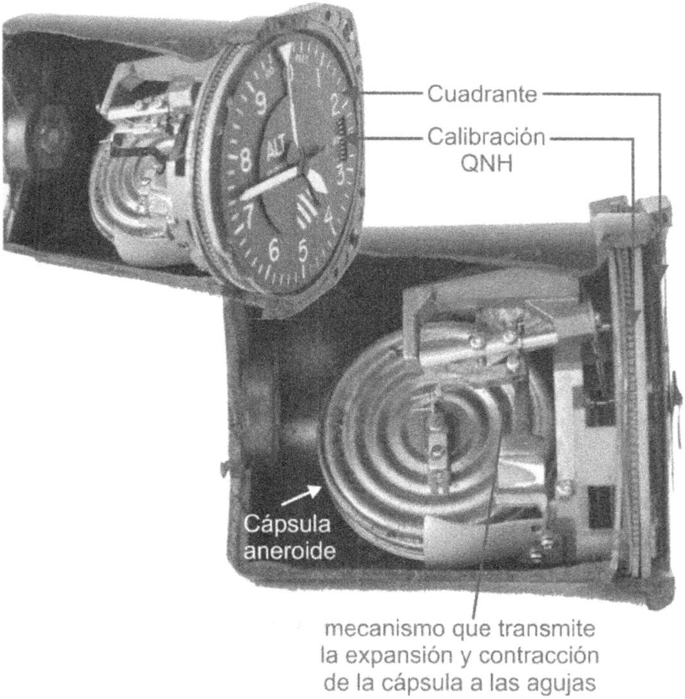

Aviation Bookstore
aviation step by step

Consideraciones generales

La Organización de Aviación Civil Internacional expone los requisitos de operación para todas las aeronaves, con respecto a su instrumental, equipos y documentos de vuelo en el Anexo 6, Capítulo 6. Al respecto, cabe mencionar algunos criterios generales a todas las aeronaves que deberán ser tenidos en cuenta en todo momento; por ello, se transcribe el párrafo 6.1.1 y 6.2.1 que mencionan lo siguiente:

"... 6.1.1 Además del equipo mínimo necesario para el otorgamiento del certificado de aeronavegabilidad, se instalarán o llevarán, según sea apropiado, en los aviones los instrumentos, equipo y documentos de vuelo que se prescriben en los párrafos siguientes, de acuerdo con el avión utilizado y con las circunstancias en que haya de realizarse el vuelo. El Estado de matrícula aprobará o aceptará los instrumentos y equipo prescritos, incluida su instalación...".

"...6.2.1 Todos los aviones, en todos los vuelos, irán equipados con instrumentos para que los miembros de la tripulación de vuelo puedan verificar la trayectoria de vuelo del avión, llevar a cabo cualquier maniobra reglamentaria requerida y observar las limitaciones de utilización del avión en las condiciones de utilización previstas...".

Equipos básicos de a bordo

A los efectos de una consideración amplia, se toma como referencia los equipos mínimos para la aviación de transporte (regular y no regular: operadores 121 y 135). Las consideraciones y requerimientos establecidos para la aviación general se encuentran disponibles en la RAAC 91 (Rep. Argentina), la FAR 91 (Estados Unidos y Estados que adoptasen su sistema de certificación aeronáutica), la CS91 para la Comunidad Europea, etc. Para que una aeronave pueda operar de modo seguro, el operador, deberá asegurar que:

Suministros médicos accesibles y adecuados

- Uno o más botiquines de primeros auxilios para uso de la tripulación de cabina en el manejo de incidentes asociados a complicaciones en el estado de salud.
- Para aeronaves que requieren transportar una tripulación de cabina como parte de su tripulación operativa, un neceser de precaución universal (dos para aviones autorizados a transportar más de 250 pasajeros) para uso de los miembros de la tripulación de cabina para manejar incidentes relativos a estados de mala salud asociados a un caso de enfermedad que se sospeche contagiosa, o en el caso de enfermedad en el que pueda haber contacto con fluidos corporales.
- para aviones autorizados a transportar más de 100 pasajeros en un trayecto de más de dos horas, un botiquín médico para uso de los médicos u otras personas cualificadas para tratar emergencias médicas en vuelo.

Extintores portátiles de un tipo que, cuando se descarguen, no causen contaminación peligrosa del aire dentro del avión, de los cuales al menos uno estará ubicado:

- En la cabina de vuelo.
- en cada compartimiento de pasajeros que esté separado del compartimiento de pilotos y que no sea fácilmente accesible a los miembros de la tripulación de vuelo.

Medios para asegurar que se comunique a los pasajeros la información e instrucciones que se enumera a continuación.

- Indicación de ajustarse los cinturones de seguridad.
- El momento y modo para utilizarse el equipo de oxígeno, si se exige provisión de oxígeno.
- Anuncios de prohibido fumar.
- Ubicación y uso de los chalecos salvavidas, o de los dispositivos individuales de flotación equivalentes, si se exige llevar tales dispositivos.
- Ubicación y modo de abrir las salidas de emergencia.

Requerimientos de instrumental y equipos de a bordo

El mismo Anexo 6 de la OACI establece los requisitos básicos para las operaciones VFR (ref. Anexo 6, Cap. 6, párrafo 6.4.1). La norma expresa que, todas las aeronaves que realicen vuelos VFR deberán tener como mínimo el siguiente equipamiento:

- Brújula o compás magnético
- Reloj de precisión (horas, minutos y segundos)
- Un altímetro de precisión
- Un indicador de velocidad aerodinámica
- Todo otro equipo específico que requiera la Autoridad Aeronáutica de cada Estado

En el caso de los vuelos por reglas instrumentales (IFR), el Anexo 6 de OACI determina que deberán estar equipados al menos con:

- Brújula o compás magnético
- Reloj de precisión (hora, minutos y segundos)

- Dos altímetros de precisión
- Indicador de velocidad aerodinámica protegido con sistemas anti formación de hielo y condensación.
- Indicador de giro ladeo
- Horizonte artificial
- Giro direccional o Indicador de rumbo
- Medios para comprobar si es adecuada la energía que acciona los instrumentos giroscópicos.
- Indicador de temperatura exterior del aire
- Variómetro
- Todo otro instrumento específico que requiera la Autoridad Aeronáutica de cada Estado

Requerimientos adicionales

En el siguiente apartado se mencionarán alguno de los principales requerimientos adicionales internacionales (regulación OACI), relacionados con equipamiento de a bordo destinado a aeronaves de transporte afectadas al transporte comercial regular y no regular de pasajeros y carga.

Además debe considerarse que todas las aeronaves cuyo peso máximo de despegue (MTOW) exceda de 5700 kg, puestos en servicio por primera vez después del 1 de enero de 1975, estarán provistos por separado de una fuente de energía auxiliar, independientemente del sistema principal generador de electricidad, con el fin de hacer funcionar e iluminar, durante un período mínimo de 30 minutos, un instrumento indicador de actitud de vuelo (horizonte artificial), claramente visible para el piloto al mando.

La fuente de energía auxiliar entrará en funcionamiento en forma automática en caso de falla total del sistema principal generador de electricidad y en el tablero de instrumentos deberá haber una indicación clara de que el indicador de actitud de vuelo funciona con la energía auxiliar.

Los aviones con cabina presurizada que transportan pasajeros, deberían poseer radar meteorológico, siempre que dichos aviones operen en áreas en las que se puede esperar que existan tormentas u otras condiciones meteorológicas peligrosas, que se considere que pueden ser detectadas por un radar meteorológico de a bordo, tanto de noche como en condiciones meteorológicas de vuelo por instrumentos.

Todos los aviones previstos para operar por encima de 15000 m (49000 ft) deberán estar equipados con dispositivos que permita medir e indicar continuamente la dosificación total de radiación cósmica a que esté sometido el avión (es decir, el conjunto de la radiación ionizante y de la radiación de neutrones de origen solar y galáctico), y la dosis acumulativa en cada vuelo. El dispositivo de presentación de este equipo deberá ser fácilmente visible para un miembro de la tripulación de vuelo.

Por su parte, todas las aeronaves con un MTOW mayor de 5700 kg equipadas con motores a reacción y que transporten al menos 9 pasajeros deberán estar equipadas con sistemas de advertencia de la proximidad con el terreno (*Ground Proximity Warning System – GPWS*). El sistema de advertencia de la proximidad del terreno proporcionará automáticamente una advertencia oportuna y clara a la tripulación de vuelo cuando la proximidad del avión con respecto a la superficie de la tierra sea potencialmente peligrosa. El sistema de advertencia deberá prever las siguientes circunstancias:

- Excesivo rango y/o velocidad de descenso
- Velocidad de aproximación excesiva
- Excesiva pérdida de altitud luego del despegue.
- Configuración de aterrizaje inadecuada
- Descenso por debajo de los mínimos de la senda de aproximación instrumental (glide slope).

Con respecto a las prevenciones de colisión en vuelo, la OACI ha establecido que todas las aeronaves con MTOW de 5700 kg y que transporten al menos 19 pasajeros deberán estar equipados con un sistema anticolisión del tipo TCAS II; en los párrafos siguientes se desarrollarán los principios de funcionamiento de este sistema.

Relacionado con la fuente de datos del sistema TCAS, la OACI establece que todas las aeronaves deberán estar equipadas con un sistema de notificación de altitud de presión con una resolución mínima de 7,62 metros (25 ft). La norma requiere que los equipos transpondedores de a bordo deberán ser Transponder Modo S.

Vinculado a los instrumentos y equipos de navegación, los requerimientos básicos de instalación a bordo establecen que una aeronave estará provista del equipo de navegación que le permita proseguir (se excluye de estos requisitos a las aeronaves, cuya planificación operacional sea VFR):

- De acuerdo con el plan de vuelo operacional.
- De acuerdo con los requisitos del prestador de servicios de navegación aérea, para el espacio aéreo donde se proyecte llevar a cabo el vuelo.

Para que una aeronave sea considerada aeronavegable, deberá asegurarse lo establecido en el punto 8.1 del Capítulo 8 del Anexo 8 "Aeronavegabilidad" de la OACI que establece:

"...se dotará al avión de los instrumentos y equipo aprobados, necesarios para el empleo seguro del avión en las condiciones de utilización previstas. Comprenderán los instrumentos y el equipo necesarios para que la tripulación pueda manejar el avión dentro de sus límites de utilización...".

Instrumentos de vuelo

Los instrumentos de vuelo son los dispositivos que, a través de la "interpretación" de distintas señales, muestran a la tripulación los valores y datos necesarios para ejecutar el vuelo, ya sea instrumental, como visual. Para una mejor comprensión, serán agrupados y desarrollados en el libro del siguiente modo:

- Instrumentos de vuelo
- Instrumentos de navegación
- Instrumentos de motor
- Indicadores de sistemas
- Fusibles y alarmas

En el siguiente gráfico se presentan los instrumentos de vuelo y navegación básicos agrupados de acuerdo con su principio de funcionamiento o fuente de información:

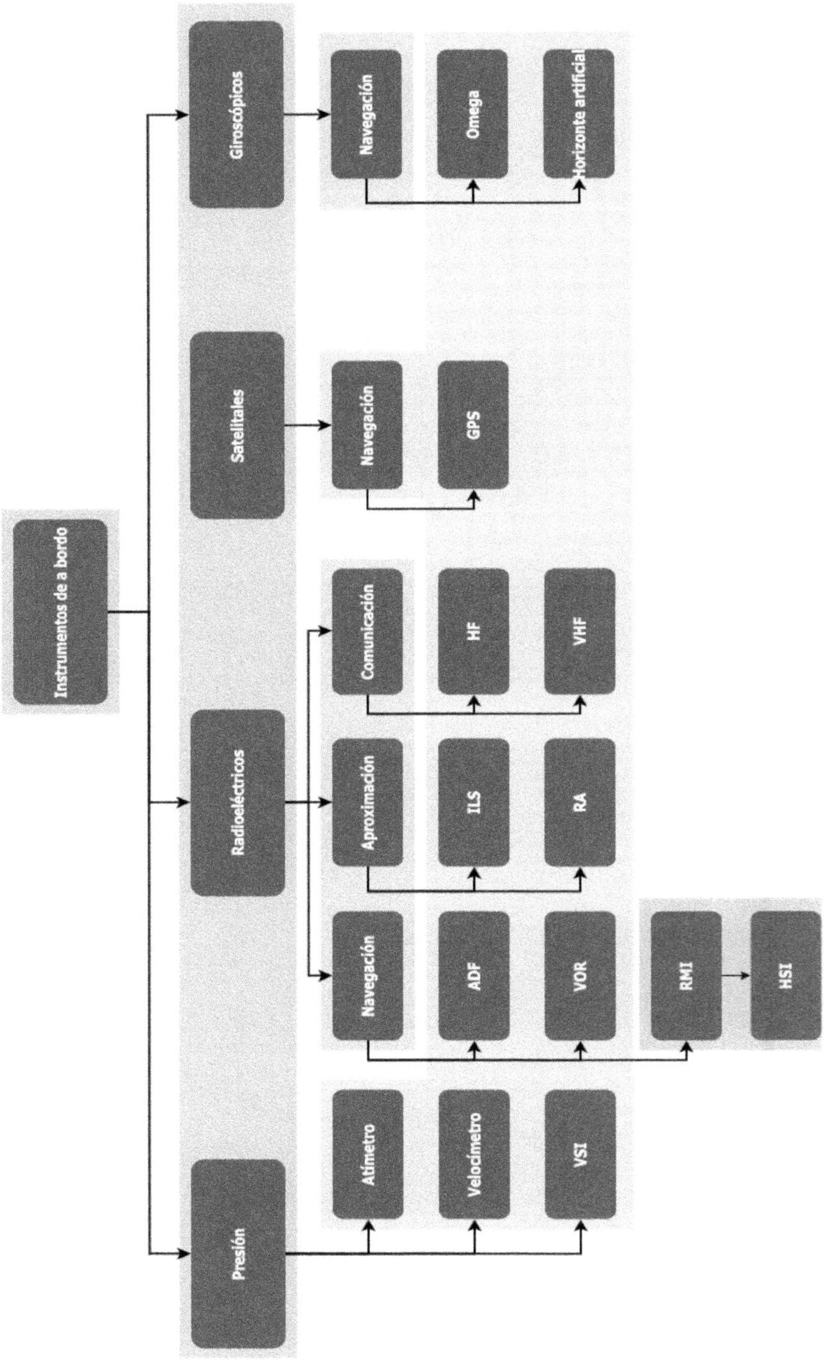

Instrumentos de a bordo
Giroscópicos
Satelitales
Radioeléctricos
Presión
Navegación
Omega
Horizonte artificial
Navegación
GPS
Comunicación
HF
VHF
Aproximación
ILS
RA
Navegación
ADF
VOR
RMI
HSI
Atímetro
Velocímetro
VSI

Es realmente inmenso el universo de instrumental, modos de presentación, funcionamiento, etc. Sin embargo, los principios físicos de funcionamiento son siempre los mismos. Lo que varía es el modo de presentación (análogo o digital), la precisión, la interacción con otros sistemas, etc... todo ello depende también de las performances y características de la aeronave y sus sistemas de a bordo. La segunda consideración que debe realizarse sobre los instrumentos e indicadores es el principio de funcionamiento empleado.

Los instrumentos indican valores, actitudes, etc. a través del principio de transducción; es decir, la transformación de un tipo de energía en otra. El ejemplo más sencillo es el del velocímetro, la diferencia de presiones acciona un sistema mecánico que mueve una aguja en un dial y muestra al piloto el valor de velocidad aerodinámica.

El principio de toma estática y tubo pitot

Antes de desarrollar el funcionamiento de los instrumentos de la aeronave, es necesario conocer la base física fundamental del origen de las señales y los métodos de medición. Para ello, a continuación, se expone el principio de tubos pitot y tomas estáticas.

El desarrollo debe comenzar con un fundamento del principio fundamental, la presión. La presión es una comparación entre dos fuerzas. La presión absoluta existe cuando se compara una fuerza con un vacío total, o ninguna presión absoluta. Es necesario definir la presión absoluta, porque el aire en la atmósfera siempre ejerce presión, sobre todo. Incluso cuando parece que no se está aplicando presión, como cuando un globo se desinfla, todavía hay presión atmosférica dentro y fuera del globo. Para medir esa presión atmosférica, es necesario compararla con una ausencia total de presión, como la que se produce en el vacío. Muchos instrumentos de aeronaves hacen uso de valores de presión absolutos, como el altímetro, el indicador de velocidad de ascenso y el manómetro de presión múltiple.

El tipo más común de medición de presión es la presión manométrica. Esa expresa la diferencia entre la presión a medir y la presión atmosférica. La presión manométrica dentro del globo desinflado mencionado anteriormente es, por lo tanto, de 0 libras por pulgada cuadrada (psi). La presión del manómetro se mide fácilmente y se obtiene ignorando el hecho de que la atmósfera siempre ejerce su presión, sobre todo.

El tubo de pitot es un dispositivo que se utiliza para establecer la velocidad del flujo a través de la medición de la presión de estancamiento o presión total. La presión medida en una dirección paralela a la del flujo y ocluida en su otro extremo que es igual a la suma de la presión estática y la presión dinámica. la presión estática es la presión de un fluido medida en un punto. la presión total se mide en el extremo tapado. Por lo tanto, el valor de la presión dinámica que depende de la velocidad del flujo y su densidad se calcula por la diferencia entre las medidas, en este caso con el desplazamiento del diafragma

Este dispositivo es utilizado para la medición del caudal y está constituido por dos tubos que detectan la presión en dos puntos distintos de la tubería. Pueden montarse por separado o agrupados dentro de un alojamiento, formando un dispositivo único. Uno de los tubos mide la presión de impacto en un punto de la vena, el otro mide únicamente la presión estática, generalmente mediante un orificio practicado en la pared de la conducción. Un tubo de pitot mide dos presiones simultáneamente, la presión de impacto (*pt*) y presión estática (*ps*).

El Principio de Bernoulli es el que permite establecer la relación de presiones y con ello, poder obtener un valor fundamental para el vuelo: la velocidad aerodinámica.

Para comprender el modo en que se realiza la lectura de la velocidad aerodinámica a través de los tubos pitot y el principio de Bernoulli, se debe aplicar el siguiente razonamiento:

$$pt = ps + \left(\frac{\rho * V^2}{2}\right)$$

$$V = \sqrt{\frac{2(pt - ps)}{\rho}}$$

Donde *pt* es la presión de impacto del tubo pitot, *ps* es la presión estática, ρ es la densidad del aire y V es la velocidad aerodinámica (generalmente expresada en nudos).

Por su parte, la toma estática cumple una función análoga a la del tubo pitot. Este dispositivo ubicado en el fuselaje de la aeronave tiene como objetivo censar el valor de presión real, sin aire de impacto. Esta medición de presión tiene como objetivo alimentar al altímetro y proporcionar valores de presión de altitud a otros instrumentos de vuelo de vuelo de la aeronave.

Al igual que los tubos pitots, las tomas estáticas están duplicadas y hasta triplicadas, en distintos lugares del fuselaje; para asegurar una correcta lectura y mantener el criterio de redundancia y seguridad de los sistemas de a bordo.

En virtud de la teoría expuesta, se puede concluir que los tres instrumentos básicos de vuelo son el velocímetro, el variómetro y el altímetro. En el gráfico que se muestra a continuación, se observa su instalación en el *flight deck* de una aeronave liviana típicamente utilizada para instrucción y adiestramiento.

Las obstrucciones parciales, o totales, en tubos pitots y tomas estáticas traen aparejadas lecturas erróneas en los instrumentos, hecho que perjudica drásticamente la seguridad del vuelo. Cuando se bloquea un tubo pitot y la toma estática se encuentra libre se presentará, al menos, una de las siguientes fallas:

- Probablemente el velocímetro marque cero, debido a la falta de ingreso de presión dinámica.

- El comportamiento del velocímetro se asemejará a un altímetro, cuando el drenaje de la presión ingresante esté obstruido. La lectura que tendrá el piloto será: aumento de la velocidad en ascenso y caída de la velocidad en descenso. En todos los casos las lecturas son erróneas.

- Un bloqueo de pitot no debería afectar la lectura del variómetro, ni del altímetro.

Cuando el bloqueo se encuentra en las tomas estáticas, es muy probable que se produzcan errores en la lectura del velocímetro, variómetro y altímetro. A continuación, se enumeran las fallas de más probable ocurrencia:

- Bloqueo del altímetro. La lectura que mostrará será constante y condice con la última lectura antes del bloqueo; esto se produce debido a la falta de cambios en la presión estática.

- El variómetro también quedará bloqueado en una indicación fija, al igual que el altímetro debido a la falta de presión estática.

- El velocímetro tenderá a marcar una velocidad aerodinámica menor a la real.

Si el bloqueo se produce en el pitot y la toma estática al mismo tiempo, los tres instrumentos (velocímetro, variómetro y altímetro) marcaran cero.

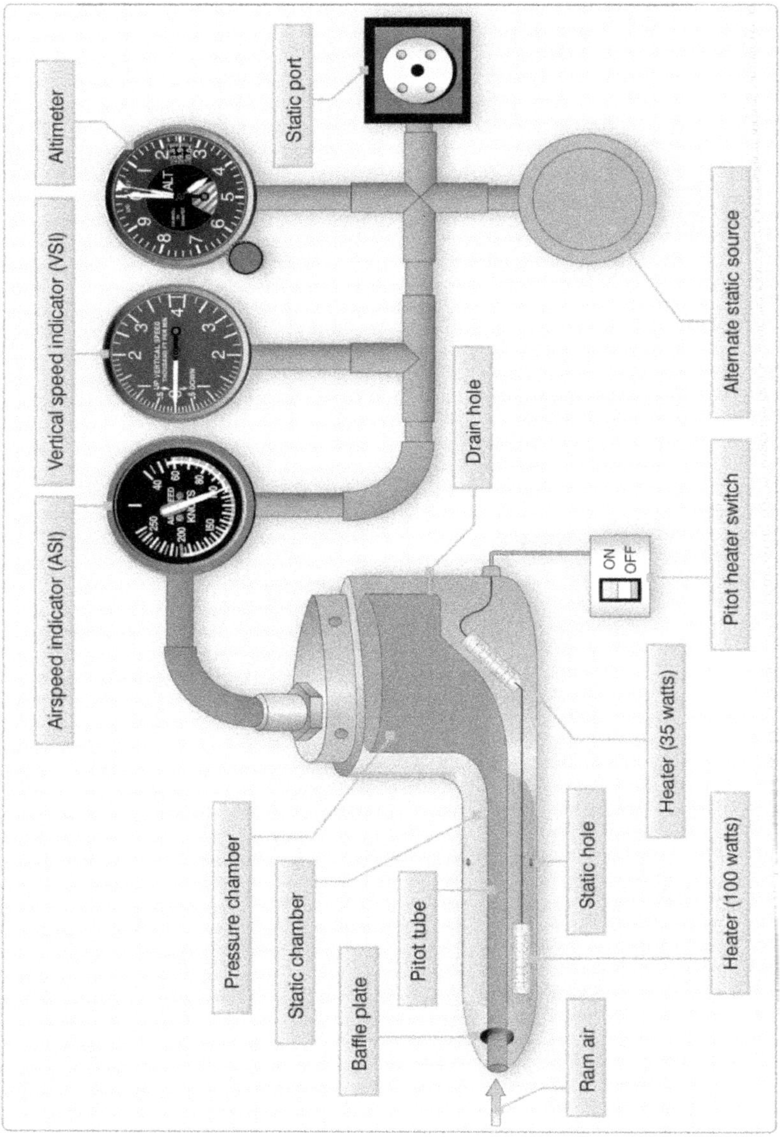

En este *grafico (extracto de FAA federal aviation administration)* puede observar el esquema resumido del ingreso y toma de medición de presión en una aeronave liviana. Al mismo tiempo, se observa un sistema eléctrico de calefacción (resistencias eléctricas) que previene la acumulación de hielo en el piloto cuando la aeronave está en vuelo.

Funcionamiento de los instrumentos de presión

Tal como se expuso en los párrafos anteriores, los tres instrumentos generan la indicación en función de la variación de las distintas presiones. A continuación, se expone de modo resumido el principio de funcionamiento de cada uno de ellos.

Altímetro

Un altímetro analógico, como el que se mostró en la figura anterior, funciona con el mismo principio de un reloj, con dos agujas. Posee un dial marcado con números del 0 al 9, dispuesto en sentido horario, con divisiones intermedias. El instrumento está conformado por una caja cilíndrica cerrada, dentro de la que se encuentra dispuesta una cápsula aneroide, de metal muy delgado (habitualmente cobre).

La cápsula aneroide se encuentra precargada con una presión atmosférica estándar (1013,2 Hp o mmHg). El altímetro posee un puerto por la que ingresa presión atmosférica (proveniente de la toma estática), por lo tanto, se producirá una diferencia de presiones entre la lectura de la toma estática y la presente en la cápsula aneroide.

Los altímetro poseen dos agujas. La aguja más larga indica miles de pies, mientras que la segunda indica cientos. En este tipo de altímetros, una vuelta completa de la aguja mayor indica que se ganaron o perdieron 10.000 pies (según el sentido de giro). En los altímetros que poseen tres agujas, la tercera y más corta, indica decenas de mil.

De acuerdo con lo expresado en los párrafos anteriores, la lectura de altitud es una diferencia de presiones. Por lo tanto, es necesario que el altímetro sea calibrado de acuerdo con el lugar de operación de la aeronave y demás particularidades operacionales que serán descriptas. Para tal fin, todos los altímetros poseen un dispositivo de control manual que permite dilatar o contraer la cápsula aneroide interna, con el objetivo de disminuir o aumentar el valor de la presión interna de referencia.

La variación del volumen de la cápsula responde al principio fundamental de Boyle-Marriot que expresa "*... el valor de la presión es inversamente proporcional al volumen...*". A esta calibración se la conoce como "reglaje de altímetro". Para verificar el valor de corrección, todos los altímetros disponen de una ventana graduada, que permite ver la referencia del ajuste; este dispositivo se lo conoce como ventanilla de ajuste o "*Kollsman*".

En la imagen que se muestra a continuación se observa el corte de un altímetro analógico mecánico de presión; instrumento que equipa a la gran mayoría de aeronaves de aviación general. En el corte se observa el detalle de la cápsula aneroide y la conexión mecánica con el conjunto de engranajes y bieletas que permiten transmitir el movimiento y la indicación a las agujas sobre el cuadrante del instrumento.

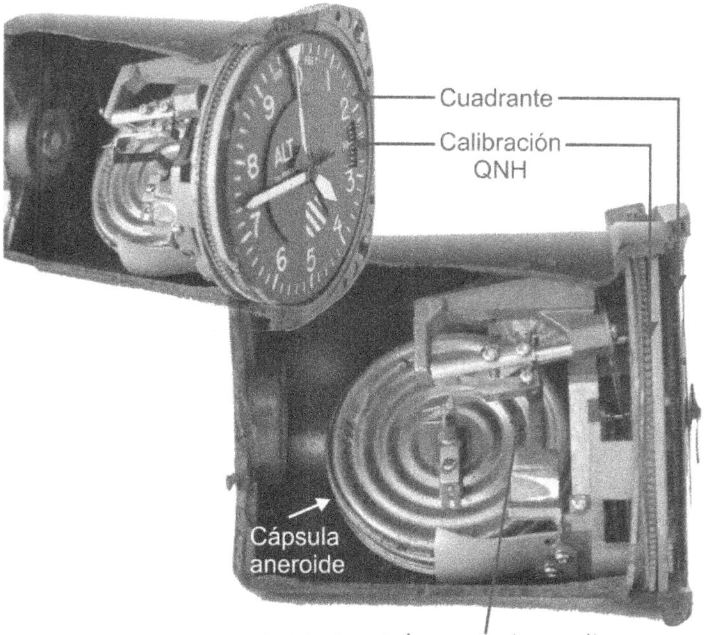

Tal como se aprecia en la imagen anterior, la cápsula aneroide se encuentra en un contenedor cerrado (corte de la carcaza que se ve en la imagen) donde recibe presión exterior, a través de un ducto flexible con conexión hacia la toma estática. La presión real del exterior será la encarga de la expansión o contracción de la cápsula. El conjunto de engranajes y bieletas asociadas, son las que transmiten el movimiento y lo transforman en un movimiento angular calibrado; que, a su vez, luego se transforma en lectura de altitud para la tripulación.

Para la calibración del altímetro es necesario considerar distintos valores de presión. Los valores corresponden al lugar de operación, referencia a nivel del mal, y presión específica de un punto. Estos valores de referencia de la presión se expresan del siguiente modo:

- **QNH:** es el valor de la presión referida al nivel del mar. En este caso, con la aeronave en tierra, el altímetro indicará la altitud en la que se encuentra el aeródromo.

- **QNE:** es la representación de la presión referida al nivel de vuelo, es decir, es el reglaje que indica la distancia desde el terreno hasta la presión de referencia de la cápsula aneroide.

- **QFE:** es la presión específica en un punto de la corteza terrestre, en el caso de la aeronave, será la presión real que exista en el aeródromo al momento de iniciarse la operación.

También es importante mencionar otros tipos de altímetros especialmente diseñados para aeronaves ultralivianas, experimentales, giroplanos, entre otros. Para ello puede mencionarse al altímetro Tasken 5000 (o similares). Este tipo de altímetro digital, a diferencia de los altímetros mecánicos no es afectado por la alta vibración de los motores de dos tiempos que se usan con frecuencia en aviones ultraligeros. Los motores de dos tiempos o los de cuatro tiempos (no aeronáuticos o modificados) introducen un nivel de vibraciones que altera adversamente el funcionamiento del conjunto mecánico interno de los instrumentos analógicos tradicionales.

El altímetro de estado sólido puede soportar golpes y vibraciones severas, mientras mantiene la precisión de su indicación. Tiene una pantalla completa de cristal líquido (LCD) de 4.5 dígitos con caracteres grandes de 1/2 "de alto. Debido a que la pantalla LCD utiliza el accionamiento directo, es fácilmente legible desde la mayoría de los ángulos de visión y no desaparece cuando se ve desde un ángulo o no se lava a pleno sol.

El modelo Tasken 5000 incluye una luz de fondo para ver de noche o al anochecer. El rango de altitud se extiende desde debajo del nivel del mar hasta muy por encima de la necesidad de oxígeno suplementario. Los límites son de -1000 a 19990 pies (-305 a 6093 metros). Los incrementos están en escalones de incremento de 10 pies o 1 m. El instrumento se alimenta de CC en el rango de 730 V y está protegido para la inversión accidental de polaridad. Una batería de 9V es una fuente de alimentación común y un soporte de batería para esto se proporciona en la parte posterior, externa a la carcasa. Una batería alcalina proporcionará más de 40 horas de funcionamiento, sin la luz de fondo iluminada. La luz de fondo no se enciende en la posición ON del interruptor de encendido para conservar la vida útil de la batería.

Radioaltimetro

El radioaltimetro es un dispositivo mide la distancia vertical real de la aeronave con respecto al terreno. Funciona de modo análogo a un radar, emite un pulso de señal, que rebota contra la superficie del terreno, retorna al receptor y el sistema computa la distancia en función del tiempo transcurrido entre la emisión y la recepción de la señal.

El radioaltimetro se usa principalmente durante la aproximación por instrumentos y en vuelos de bajo nivel o nocturnos por debajo de 3000 a 2500 pies (según las características del equipo). Este sistema proporciona la información de altitud primaria para la altura de decisión de aterrizaje. Incorpora un error de altitud ajustable que crea una advertencia visual o auditiva para el piloto cuando el avión alcanza esa altitud. Por lo general, el piloto abortará un aterrizaje si se alcanza la altura de decisión y la pista no es visible.

Usando un transceptor y una antena direccional, un radioaltimetro emite una onda portadora a 4.3 gHz desde la aeronave directamente hacia el suelo. La onda está modulada en frecuencia a 50 mHz y viaja a una velocidad conocida. Golpea la orografía de la superficie y rebota hacia el avión donde una segunda antena recibe la señal de retorno. El transceptor procesa la señal midiendo el tiempo transcurrido y la modulación de frecuencia que se produjo. La pantalla indica la altura sobre el terreno, también conocida como sobre el nivel del suelo (AGL).

Un altímetro de radar es más preciso y sensible que un altímetro de presión de aire para obtener información AGL a bajas altitudes. El transceptor generalmente se encuentra alejado del indicador. Las pantallas de cabina multifuncionales generalmente integran la conciencia de la altura de decisión del altímetro del radar como un número digital que se muestra en la pantalla con un error, luz o cambio de color utilizado para indicar cuándo se alcanza esa altitud.

De modo análogo, el radioaltimetro funciona igual que un DME, pero en sentido vertical. No es ni más ni menos que un radar que emite en un ángulo de 90° con respecto a la aeronave donde se encuentra instalado. Es por ello por lo que es un dispositivo que se encuentra asociado también a los sistemas de alerta de proximidad con el terreno del tipo TAWS o los más evolucionados como los *Ground Proximity Warning System – GPWS.*

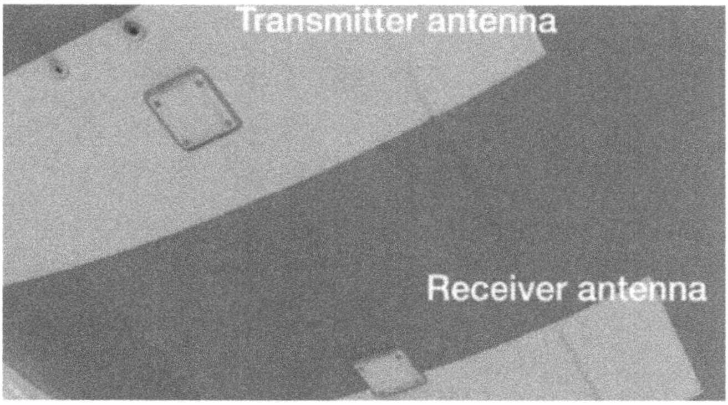

Tal como se observa en la imagen anterior, el sistema cuenta con dos antenas, la que emite y la que recibe, a diferencia del radar que concentra todo en un solo dispositivo.

En aeronaves de gran porte o equipadas con sistemas integrados de aviónica (vale el ejemplo anterior del Boeing 737-700), la información del radioaltimetro se presenta en el Primary Flight Display – PFD, tal como se observa en esta imagen.

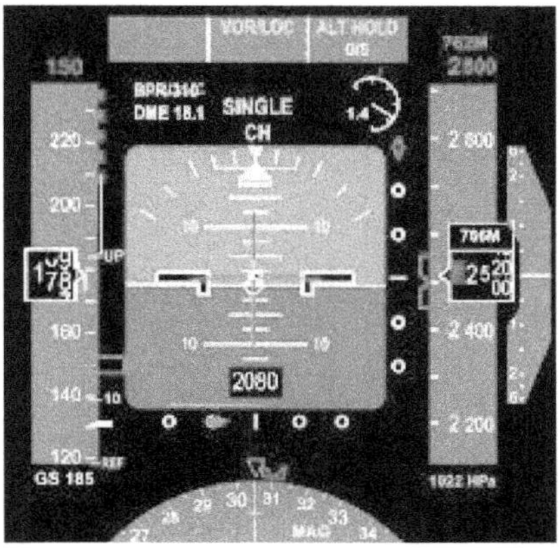

En la imagen anterior se observa la vista de pantalla de un PFD. Sobre el lateral derecho se identifican dos lecturas de altitud, en el margen superior derecho (2500) se muestra la lectura de radioaltimetro; mientras en la banda lateral (2520) se encuentra la lectura de la altitud baro altimétrica.

Velocímetro

El velocímetro o indicador de velocidad aerodinámica es el dispositivo que cuantifica la velocidad relativa del avión con respecto a la masa de aire donde se desplaza. La velocidad aerodinámica es una expresión de relaciones, no una velocidad de desplazamiento con respecto a un punto en el terreno (velocidad terrestre o *ground speed*).

El velocímetro es un dispositivo que mide diferencias de presión y las transforma en unidades de velocidad (nudos, millas por hora, etc.). El valor diferencial entre la presión de impacto o presión total y el valor de la presión estática es el valor que se convertirá en velocidad aerodinámica. Como concepto general para comprender el funcionamiento se dice que cuanto mayor sea la diferencia de presiones, mayor es la velocidad aerodinámica.

Al igual que el altímetro, el velocímetro posee en su interior una cápsula barométrica que mantiene en su interior la presión de impacto a través de un puerto de conexión con el tubo pitot. La diferencia de presión entre el interior y el exterior de la cápsula aneroide genera contracción o expansión del material. Ese movimiento es captado por el sistema interno de relojería que lo traduce en movimiento de la aguja sobre el dial del instrumento.

Del mismo modo que se realizó el ejemplo del altímetro, a continuación, se encuentra una imagen de un velocímetro completamente desarmado de su carcasa contenedora sellada. En este caso se observa que la cápsula de censado de presión se encuentra ubicada en la parte posterior del instrumento. En la parte trasera de la cápsula existen dos puertos por donde ingresa la presión de la masa de aire de impacto y la presión estática.

A través de esa presión, el instrumento genera la expansión y contracción de la cápsula, que transmiten el movimiento hacia los engranajes y conjunto de bieletas internas; que luego, serán las encargadas de generar el movimiento angular de la única aguja que se desplazará en el cuadrante graduado (en este caso la lectura se realiza en millas por hora, junto con un dial que permite ver la conversión en nudos).

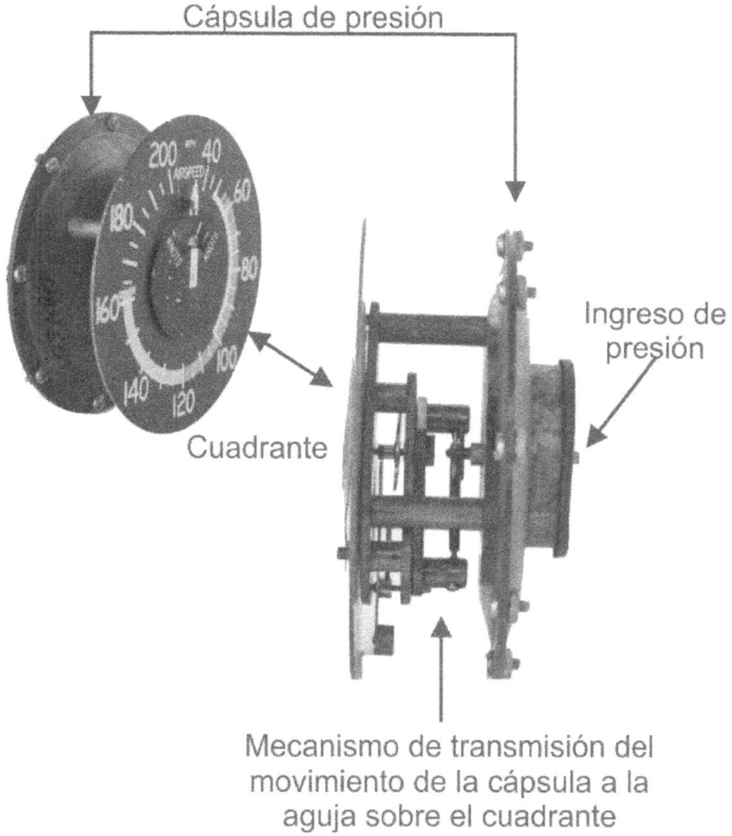

Debido a la lectura directa por la variación de presión, la velocidad aerodinámica que muestra el instrumento se llama: velocidad indicada (*IAS o KIAS - Knots Indicated Airspeed*). La IAS es la velocidad que consideran la mayoría de los fabricantes en el diseño y publicación de las performances y limitaciones de una aeronave, entre las más comunes se pueden mencionar:

- Velocidades de nunca exceder
- Velocidad de extensión de flaps
- Velocidad de pérdida
- Velocidad de mínimo control
- Velocidades limitadoras de maniobra

Existen también otras velocidades que es necesario conocer para la operación segura de la aeronave.

- Velocidad Calibrada (*CAS - Calibrated Airspeed*): se trata del valor de la IAS corregido por posibles errores del instrumento. La calibración de la velocidad se obtiene a través de cálculos y tablas. Los manuales de operación y vuelo suelen incluir tablas y gráficos orientativos para la conversión y cálculo de la velocidad calibrada.

- Velocidad Equivalente (EAS - *Equivalent Airspeed*): es la expresión de la velocidad calibrada con la corrección del potencial error por efecto de la compresibilidad adiabática de la masa de aire (vuelo a gran velocidad) y el efecto de la altitud.

- Velocidad Verdadera (*TAS - True Airspeed*): la TAS es una magnitud de la velocidad aerodinámica (IAS) que no puede ser medida directamente por el instrumento. A baja velocidad, la velocidad verdadera es una expresión es el producto de la velocidad equivalente (CAS) por la raíz del cociente de densidad de presión. Cuando la velocidad supera los 100 kt relativos, la TAS debe ser calculada en función del número de Mach; en este caso la TAS es el producto de la velocidad de Mach por la raíz del cociente de la temperatura estática del aire y la relativa a nivel medio del mar.

Analíticamente y de modo muy sencillo, la interpretación de las velocidades que no son de lectura directa, se puede obtener a partir de las siguientes expresiones (relación baja y alta velocidad relativa):

$$EAS = TAS\times \sqrt{\frac{\rho}{\rho_0}} \leftrightarrow EAS = a_0 M \sqrt{\frac{P}{P_0}}$$

$$TAS = EAS\times \sqrt{\frac{\rho}{\rho_0}} \leftrightarrow TAS = a_0 M \sqrt{\frac{T}{T_0}}$$

Donde *EAS* es la velocidad equivalente, *TAS* es la velocidad verdadera *T* es la temperatura exterior expresada en Kelvin (OAT), T_0 es la temperatura a nivel medio del mar expresada, en Kelvin (288,15 K), *M* es el número de Mach, a_0 es la expresión de la velocidad del sonido a nivel medio del mar (661,47 kt).

Variómetro

Es el instrumento de vuelo que provee información relacionada con dos variables de la aeronave, íntimamente relacionadas entre si: el movimiento de ascenso o descenso y el régimen o tasa de con que lo hace, más conocida como velocidad vertical.

El principio de funcionamiento del variómetro es similar al del altímetro. La marcación en el dial se genera por el movimiento de contracción y dilatación de una cápsula aneroide en contacto con la presión exterior del aire. La diferencia con el altímetro radica en que el variómetro no mide la presión absoluta, sino que registra los cambios de presión provenientes de la toma estática del fuselaje; no necesita lectura de presión dinámica. El conjunto de cápsula aneroide y sistema de relojería se encuentra ubicado dentro de un contenedor cerrado y aislado, del mismo modo que el velocímetro y el altímetro.

El variómetro dispone de una sola aguja que marca sobre un dial con una escala que comienza en cero (ubicado a la izquierda del cuadrante del instrumento). La lectura es sencilla, todas las marcas que se encuentran por encima del cero indican ascenso, mientras que las que se ubican por debajo, muestran régimen de descenso. En aeronaves livianas se utilizan variómetros con escalas y marcas que representan 100 pies por minuto (ppm).

En el caso que se presentará una falla en el sistema de toma de presión estática, el variómetro quedará bloqueado en la última lectura, o bien, podrá dar lecturas erróneas en caso de obstrucciones parciales de la zona o la toma.

En casos extremos, donde la tripulación sepa fehacientemente la falla que ocurre, romper el cristal del instrumento proporcionará al dispositivo el valor de presión estática real. Al volver a tener una presión diferencial, la cápsula aneroide retornará con su mecánica de expansión y dilatación; hecho que permitirá al instrumento volver a dar valores reales.

Instrumentos de navegación

Los instrumentos de navegación son aquellos que brindan información sobre la posición, ubicación y distancias. Las referencias de posición y distancia provienen de tres fuentes o principios de funcionamiento, ellos son:

- Ayudas y sistemas radioeléctricos
- Ayudas y sistemas satelitales
- Instrumentos giroscópicos

Actualmente las aeronaves poseen sistemas de aviónica digital que integran todas las funciones de información, navegación, comunicaciones y vuelo en una o dos pantallas de presentación de datos, estas pantallas son conocidas como: pantalla primaria de vuelo (PFD - *Primary Flight Display*) y pantalla secundaria de vuelo (SFD - *Secondary Flight Display*). Todas las aeronaves de alta performance están equipadas con estos sistemas, incluso es muy común verlas en aeronaves livianas de instrucción como los Tecnam P2002, los Cirrus SR-22, entre otros. Sin embargo, en este libro, tiene la intención de centrarse en los principios físicos de funcionamiento, por lo tanto, las referencias y explicaciones están expresados en términos de "instrumentos tradicionales". El funcionamiento de cada uno de ellos es siempre el mismo, lo que varía es el modo de presentación de la información, exactitud, automatización de funciones, entre otras mejoras funcionales y de seguridad para la tripulación y el vuelo.

En esta figura observa la cabina de vuelo de un Boeing 777, si bien es una de las aeronaves de transporte más grandes, la disposición y funcionalidad de los sistemas de a bordo e instrumentos de vuelo no difiere, conceptualmente con la de una aeronave de menor porte. En los puestos de piloto, se observa a ambos lados, las PFD y SFD, en el centro el panel de instrumentos, por debajo la computadora de gestión del vuelo y en el panel central superior, el control del autopiloto. Comparado con la cabina del Cessna 150 que se mostró en figuras anteriores, o cualquier otra aeronave de menor porte, como un Piper PA-34; parecen imágenes de dos mundos distintos, sin embargo, veremos que los principios de funcionamiento son análogos y similares. A continuación, se expondrán los principios de funcionamiento básicos; que son aplicables a todos los instrumentos y aeronaves.

Instrumentos y sistemas radioeléctricos

Se trata del conjunto de instrumentos de vuelo y navegación más utilizados en la aviación. Actualmente se encuentran en una fase de reemplazo y mejora por parte de los sistemas satelitales, sin embargo; continúan siendo la base de la navegación básica en las etapas de formación. En este capítulo se desarrollarán los instrumentos de uso más habitual, comenzando con los más sencillos o "clásicos".

LORAN – Long Range Navigation

Fue el primer sistema rudimentario de navegación radioeléctrica. Su funcionamiento se basaba en un sistema electrónico hiperbólico que calculaba distancias en función del intervalo de las señales radioeléctricas monopulso recibidas a bordo. El cálculo también requería la recepción de señales provenientes de tres o más antenas, con el objetivo de triangular y determinar la posición relativa de la aeronave en vuelo.

Años más tarde se utilizó una versión mejorada, llamada LORAN-C. Este sistema funcionaba con frecuencias entre 90 a 100 kHz, con señales multipulso. Si bien el sistema LORAN-C fue un gran avance en la navegación aérea, quedó completamente en desuso con el advenimiento del

GPS y las mejoras significativas de los sistemas de navegación inercial y radioeléctrico.

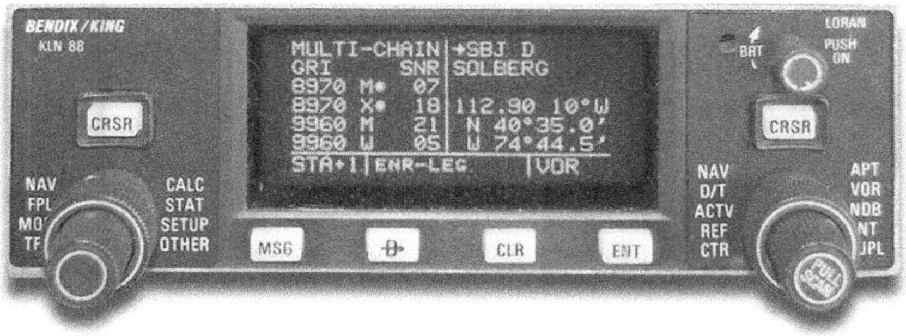

VOR - VHF Omnidirectional Range

Su traducción al español es radiofaro omnidireccional de muy alta frecuencia. Se trata de un sistema ampliamente utilizado desde finales de la Segunda Guerra Mundial, que aún hoy es la base de la navegación radioeléctrica.

El VOR combina una estación de tierra con un receptor de marcación en la aeronave. La estación terrestre emite señales en frecuencia VHF (habitualmente banda entre 108.00 a 117.95 mHz), las señales de la estación corresponden a un haz de emisión por cada uno de los puntos de la rosa de los vientos. Es decir, el VOR emite una señal en cada uno de los 360 grados que componen la rosa (en intervalos de 10 en 10 generalmente). En función del tipo de frecuencia utilizada, una estación VOR tiene un alcance de alrededor de 320 km y una altitud de 37500 pies.

El VOR funciona como un faro marino, solo que en vez de emitir una señal lumínica que puede ser vista a la distancia por los buques; emite señales radioeléctricas que son captadas por la antena de una aeronave.

Las estaciones o emisoras de VOR se encuentran ubicadas en aeropuertos y aeródromos, como así también en puntos claves de las rutas de navegación. Esos puntos son conocidos también como "fijos".

La radiofrecuencia emitida por un VOR contiene o está modulada por tres señales. Una es la identificación de la estación en código Morse, que permite al piloto identificarla. Las otras dos fuentes de señal provienen de 30 Hz cuyas fases varían entre sí. Se les llama señal de referencia y señal variable respectivamente. La referencia mantiene siempre a cada fase de modo constante, mientras que la variable cambia su fase según la dirección en la que sea emitida. La dirección se mide por su azimut, es decir, se divide en 360 grados alrededor de la antena VOR contando en sentido horario a partir del norte magnético terrestre, punto en el cual la señal de referencia y la variable tienen fase idéntica. De esta manera se puede visualizar una antena VOR como el punto desde el cual parten 360 líneas de dirección, a las que se les llama radiales.

El instrumento ubicado en la cabina de vuelo interpreta la señal, de acuerdo con la frecuencia que haya seleccionado el piloto. Cuando el radial elegido se ubica en el sentido de avance de la aeronave, se mostrará activa la indicación de "*TO*", una vez que la aeronave haya dejado atrás la estación seleccionada, se activará en el dial (o pantalla de información) la indicación *"FROM"*. En caso de no tener el radial interceptado no indica necesariamente si la aeronave se dirige hacia o desde la estación.

El dispositivo que indica si la señal es la correcta o poco fiables es la llamada bandera de "*OFF*". Se retrae de la vista del instrumento cuando la fuerza de la señal es suficiente para proveer indicaciones fiables en el instrumento. Alternativamente, Una intensidad de la señal insuficiente es indicada por un espacio en blanco o una bandera en el instrumento.

Para volar directamente a la estación, se debe rotar la perilla selectora - Omni Bearing Selector (OBS) - hasta que el CDI queda centrado con la indicación "to". Entonces el piloto vuela ese rumbo. Para conocer el radial del VOR que cruza la aeronave basta centrar el CDI con la indicación "from". Si un radial especifico es seleccionado en el instrumento, el CDI estará a derecha o izquierda sea con indicación "to" o "from". El rumbo que lleva la aeronave no afecta esta selección.

ADF - Automatic Direction Finder

Es uno de los primeros sistemas de ayuda radioeléctrica a la navegación, que aún en la actualidad se continúa utilizando. El ADF instalado a bordo de la aeronave, recibe la señal de una antena terrestre (NDB - Non Directional Beacon) que transmite en frecuencias de amplitud modulada en un rango de 190 a 450 kHz. El ADF se compone de dos antenas, ambas de

recepción. El sistema está compuesto por un par de antenas que procesan la información, para brindar la lectura en el instrumento de la cabina de vuelo. La antena no direccional recibe señales de radio con casi la misma intensidad de todas las direcciones. La antena "cíclica" recibe señales de radio con más potencia de solo dos direcciones (bidireccional). Cuando las señales de ambas antenas son procesadas, se tiene la posibilidad de recibir señal de radio en todas las direcciones menos una, resolviendo así la ambigüedad.

El concepto básico de radio compás es el de un indicador en el instrumento de cabina que apunta hacia la estación y muestra así la posición de la aeronave con la estación. Esta relación se conoce como marcación relativa independientemente del rumbo del avión, la aguja indicadora mostrara la marcación relativa. El indicador del VOR estará centrado cuando el avión se encuentre sobre el radial seleccionado, pero independientemente del rumbo. La aguja del ADF estará en el centro solamente cuando la estación este justo enfrente del avión, de esta forma, lo fundamental de esta radio ayuda es que proporciona información sobre la dirección en que se encuentra la estación.

El ADF es un equipo de apoyo a la navegación a los sistemas que operan en VHF. En virtud de ello, es posible utilizarlo cuando este tipo de navegación basada en onda de alcance visual no es posible. El radio compás al trabajar en las bandas LF y MF.

La presentación en la información del instrumento se realiza de dos modos:

- Radio Bearing Indicator (RBI): este instrumento indica siempre cero (rumbo norte) sobre el dial, en un formato tipo compás o rosa de los vientos. Este tipo de instrumento posee un dial fijo y la marcación es la lectura directa del rumbo o posición desde donde se recibe la señal NDB.

- ADF de dial rotatorio: el funcionamiento es análogo al del RBI, solo que en este caso el piloto posee un dispositivo que le permite girar el dial o cartilla. A través de esta selección de posición, el piloto puede alinear el dial con el rumbo real de la aeronave.

DME - Distance Measurement Equipment

Se trata de un sistema básico que. literalmente, mide la distancia de la aeronave, con respecto a una estación terrestre, que emite una señal radioeléctrica. Las frecuencias que utilizan los sistemas DME se encuentran comprendidas entre los 962 a 1213 mHz (banda UHF); cada equipo posee la capacidad de manejar 200 canales. Habitualmente, la información que provee el sistema DME se asocia al equipo VOR, ADF, sistema de aproximación instrumental, entre otros.

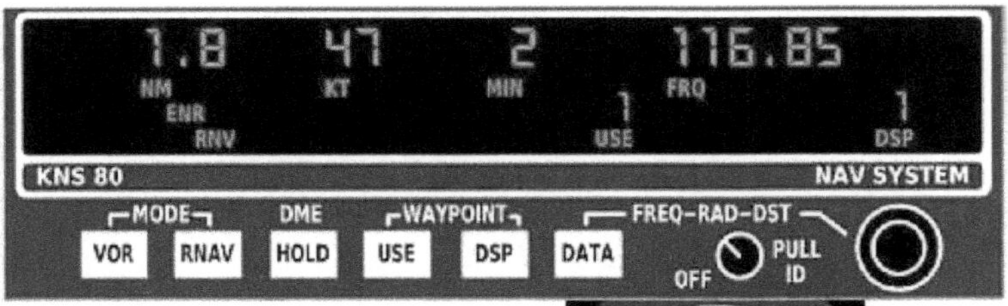

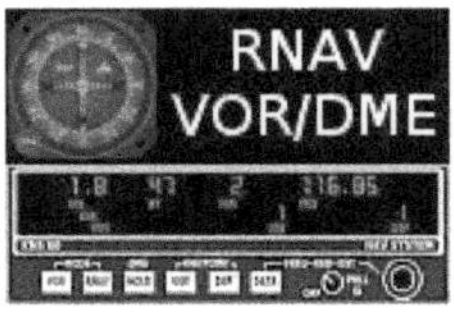

Cuando se utiliza en unión con el sistema VOR, el DME permite al piloto, para determinar una posición geográfica exacta de la aeronave, incluido el rumbo y la distancia hacia o desde la estación. El DME de la aeronave interroga mediante una señal de radio frecuencia, que son recibidas por la antena DME en las instalaciones de tierra. El DME de la aeronave mide el tiempo transcurrido entre la señal de interrogación enviada por la aeronave y la recepción de la respuesta desde la estación de tierra.

Esta medición del tiempo es convertida en la distancia en millas náuticas (NM) de la estación. Cabe señalar que la distancia medida por el DME es la distancia es la distancia inclinada, directamente desde la aeronave hasta la estación, la cual difiere de la distancia real sobre el terreno la que es generalmente menor a la distancia medida por el DME. Esa diferencia aumenta a medida que la aeronave se acerca a la estación. Algunos receptores DME proporcionan una velocidad de tierra (*GS - Ground Speed*) en nudos mediante el movimiento relativo de la aeronave relativa a la estación de tierra. Estos valores de velocidad de tierra son precisos sólo cuando la aeronave se dirige directamente hacia o desde la estación.

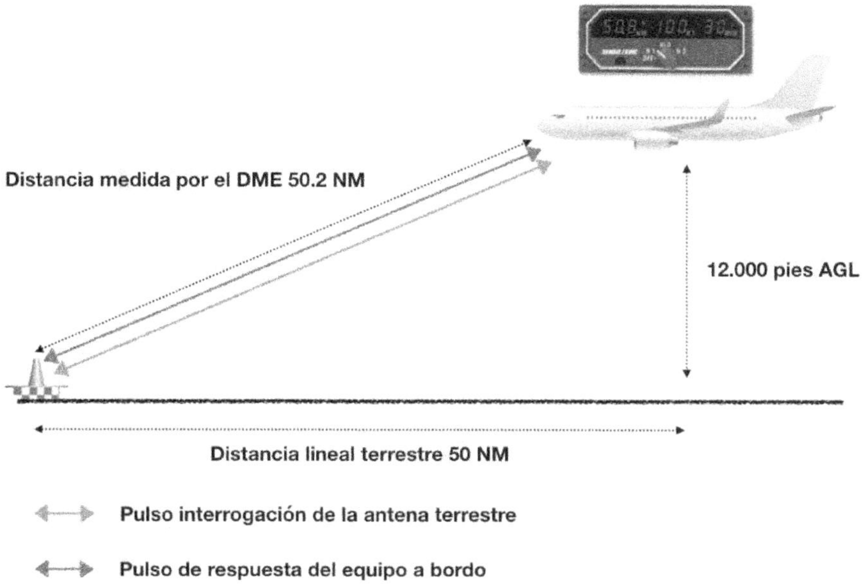

RMI - Radio Magnetic Indicator

El RMI es el sistema que reemplaza al ADF en cuanto a su funcionalidad y mejoras de operación y performances. Este instrumento combina la información de una radiofrecuencia y la orientación magnética (principio del compás o brújula básica); proporcionando al piloto información concreta sobre rumbo, curso y radial en el que se encuentra volando. El dial o cartilla está basada en un dispositivo giroscópico direccional que rota automáticamente con los virajes del avión. Por lo tanto, este instrumento proporciona información adecuada y precisa del rumbo que lleva el avión y del rumbo magnético a la estación.

El RMI difiere del ADF a cartilla rotatoria, en que no es necesario actualizar el rumbo del avión manualmente. Cuando la aguja está seleccionada para trabajar con los receptores VOR, el extremo superior de la aguja indica el rumbo hacia la estación terrestre y la cola indica el radial en le que la aeronave se encuentra ubicada. La mayoría de los equipos RMI permiten elegir con que antenas receptoras trabaje cada aguja. En la parte inferior del instrumento existen perillas o botones para cambiar la indicación de las agujas, sea ADF o VOR.

HSI - Horizontal Situation Indicator

El indicador de situación horizontal es un dispositivo que combina un dispositivo giroscópico (compás magnético) con las funciones de un VOR. Este instrumento brinda información relacionada con el curso de vuelo seleccionado.

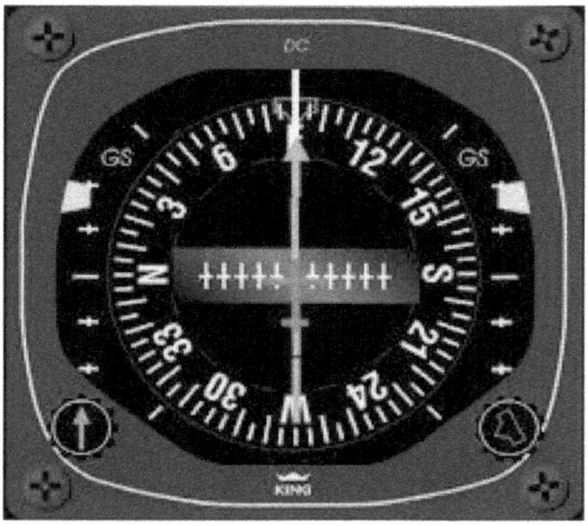

La punta de flecha que indica el curso, está seleccionada en 090°; la cola de esta aguja indica el radial reciproco, 270°. La barra de desviación de curso (CDI) opera con un el receptor VOR/localizador (VOR/LOC) para indicar desviaciones de izquierda o derecha del curso seleccionado. El curso deseado se selecciona girando la perilla de selección de curso.

La ubicación de la figura del avión y la barra del CDI muestran la desviación de la aeronave con respecto al curso que fue seleccionado originalmente, como si el piloto fuera por encima de la aeronave mirando hacia abajo.

El indicador "TO/FROM" es un puntero triangular (tal como en el instrumento siempre de VOR). Cuando el indicador apunta a la cabeza de la flecha del curso, se muestra que el curso seleccionado, si se tiene el CDI centrado, lleva la aeronave hacia la estación sintonizada.

Cuando el indicador apunta a la cola de la flecha, lleva la aeronave en dirección opuesta a la estación seleccionada. El puntero de *glideslope* indica la relación de la aeronave a la senda de planeo (durante la operación de aproximación instrumental o ILS). Cuando el puntero está por debajo de la posición central, la aeronave está por encima de la senda de planeo, y un se requiere una mayor velocidad vertical de descenso.

EHSI - Electronic Horizontal Situation Indicator (ND - Navigation Display)

El EHSI es una versión revolucionada del indicador de situación horizontal (HSI), que nació del indicador de dirección giroscópico o giroscopio direccional. El HSI incorpora información direccional a dos ayudas de navegación diferentes, así como el rumbo de la aeronave. El EHSI hace esto y más. Su propósito principal es mostrar tanta información de navegación útil como sea posible.

Junto con una computadora de gestión de vuelo y un controlador de pantalla, un EHSI puede mostrar información en los modos PLAN, MAP, VOR e ILS. El modo PLAN muestra un mapa fijo del plan de vuelo de entrada. Esto generalmente incluye todas las ayudas de navegación seleccionadas para cada segmento de vuelo y el aeropuerto de destino. El modo MAP muestra el avión contra un fondo detallado del mapa en movimiento. Se muestran ayudas a la navegación activas e inactivas, así como otros aeropuertos y puntos de referencia. La información del radar meteorológico puede seleccionarse para mostrarse en escala como fondo.

Algunos HSI pueden representar otro tránsito aéreo cuando se integran con el sistema TCAS. A diferencia de un HSI estándar, un EHSI puede mostrar solo la parte pertinente de la rosa de los vientos. El anuncio del modo activo y las características seleccionadas aparecen con otra información pertinente, como la distancia y el tiempo de llegada al siguiente punto de referencia, los designadores del aeropuerto, la dirección y velocidad del viento, y toda otra información de vuelo y navegación que los fabricantes hayan decidido incorporar al equipo.

La vista VOR de un EHSI presenta un enfoque más tradicional en un VOR seleccionado, u otra estación de navegación que se utiliza, durante un segmento de vuelo particular. Toda la rosa de los vientos, el puntero de desviación lateral tradicional, rumbo e información de distancia son estándar. También se puede mostrar otra información disponible en el sistema y que haya seleccionado la tripulación.

El modo de aproximación instrumental de un EHSI muestra la aeronave en relación con las ayudas de aproximación ILS y la pista seleccionada con diversos grados de detalles, según el equipo y la categoría de la aproximación. Con esta información mostrada, el piloto no necesita consultar la información impresa de aproximación al aeropuerto, lo que permite prestar toda la atención para volar la aeronave.

En resumen, el EHSI es uno de los sistemas más utilizados en las aeronaves de altas performances en la actualidad. La información que procesa y muestra a la tripulación proviene de:

- Computadora de datos de vuelo (FMC)
- Sistemas de radioayudas (DME, VOR, ILS y ADF)
- Sistema de prevención de colisión en vuelo (TCAS)
- Datos de navegador satelital (solo disponible en algunos modelos)
- Radar meteorológico

Los modos de presentación e información disponible en la pantalla de la cabina de vuelo son:

- Full navigation rose (FULL NAV)
- Full rose VOR/ILS
- MAP
- PLAN

La información disponible en esos modos que puede visualizarse está compuesta por:

- Radiales VOR/ADF sintonizados
- Ayudas a la navegación activas y disponibles
- Aeropuertos
- Puntos fijos
- Información meteorológica

En el siguiente gráfico se puede observar, a modo de ejemplo, una muestra de las posibilidades de presentación del sistema EHSI (ref. modelo de EHSI presentado por los manuales de instrucción de aviónica de JAA).

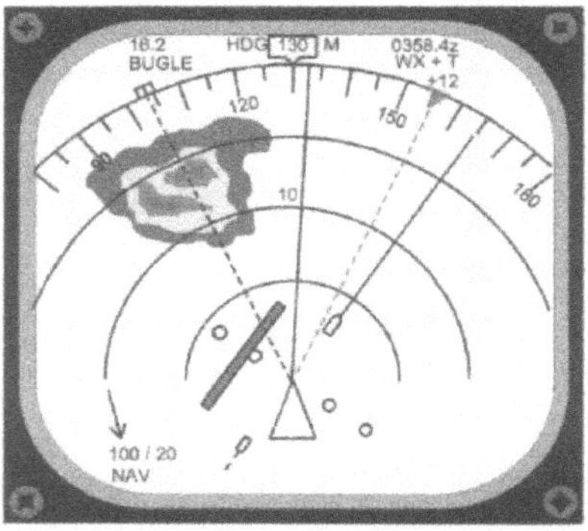

Expanded navigation mode

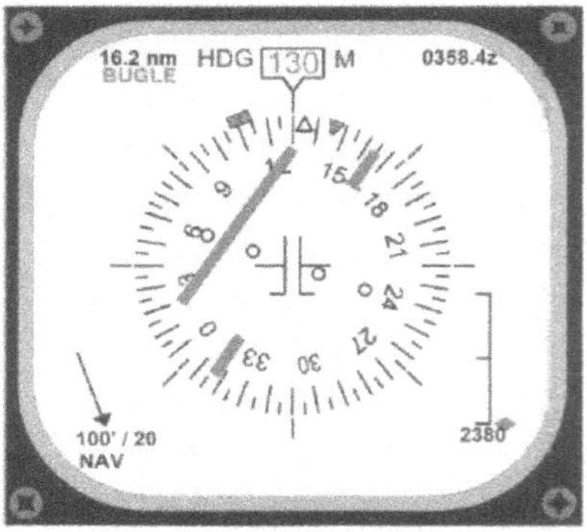

Full Navigation Mode

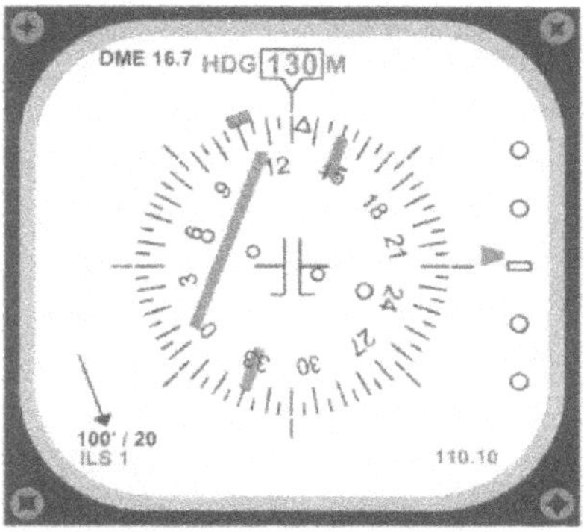

Full Rose ILS Mode

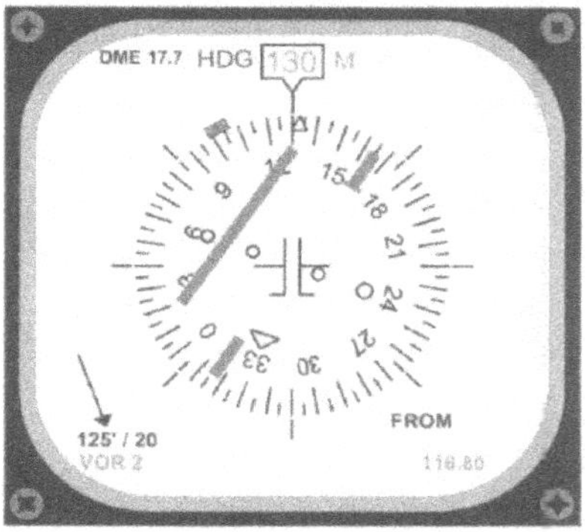

Full Rose Mode

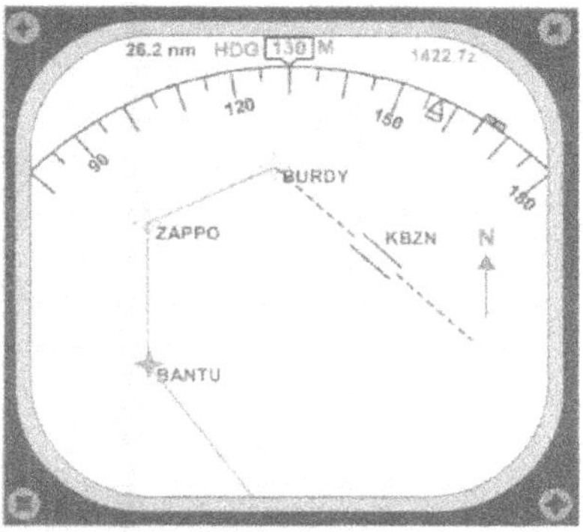

Plan Mode

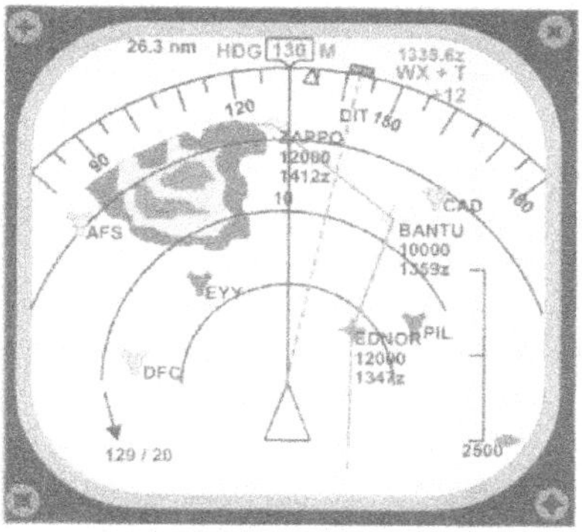

Map Mode

ILS - Instrumental Landing System

El sistema de aterrizaje instrumental se utiliza para llevar a cabo la aproximación final y aterrizaje, cuando la visibilidad se encuentra reducida. Este sistema de radioayuda guía al avión por una pendiente o senda de planeo hacia el área de aterrizaje (*aiming point*) en la pista. Se utilizan múltiples transmisiones de radio que permiten un enfoque exacto para aterrizar con un ILS. Un localizador es una de los transmisores de radio. Se utiliza para proporcionar orientación horizontal a la línea central de la pista. Una transmisión de senda de planeo separada, proporciona una guía vertical de la aeronave por la pendiente adecuada, hasta el punto de aterrizaje.

Las transmisiones del localizador con radio balizas de marcación externas y medias, ayudan al piloto a interceptar el sistema de ayuda a la navegación de aproximación. Las balizas de señalización proporcionan información sobre la distancia desde la pista. En conjunto, todas estas señales de radio hacen que un ILS sea un medio muy preciso y confiable para aterrizar aviones.

Localizer o Localizador

La emisión de la antena del localizador es una transmisión VHF en el rango inferior de las frecuencias VOR (108 a 111.95 mhz) solo en frecuencias impares. Dos señales moduladas, se producen a partir de un conjunto de antenas ubicadas horizontalmente más allá del extremo más alejado de la pista.

El campo se estrecha al ancho de la pista cerca del umbral de aterrizaje; tal como si se tratase de un "cono o embudo radioeléctrico". El lado izquierdo del área de aproximación se llena con una onda portadora VHF modulada con una señal de 90 hz. El lado derecho del enfoque contiene una señal modulada de 150 mhz. El receptor VOR de la aeronave está sintonizado a la frecuencia VHF del localizador.

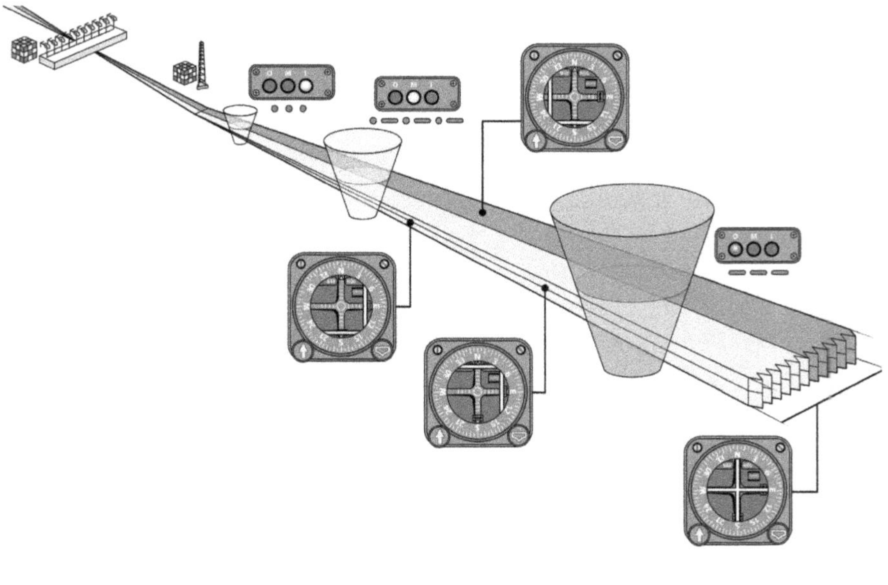

En el gráfico anterior se pueden observar las antenas emisoras del localizado y el ángulo de planeo (desarrolladas en los párrafos siguientes)

como así también las radiobalizas de marcación interna (IM), media (MM) y externa (OM).

Las señales recibidas se pasan a través de filtros y se rectifican en CC para controlar el indicador de desviación del rumbo. Si la aeronave recibe una señal de 150 Hz, el CDI de la pantalla VOR / ILS se desvía hacia la izquierda (color azul, sobre la derecha de la figura), indicando que la aeronave está a la derecha de la senda correcta. Esto indica que la pista está a la izquierda. El piloto debe corregir el rumbo con un giro a la izquierda. Esto centra el indicador de desviación del curso en la pantalla y centra la aeronave con la línea central de la pista. Si el receptor VOR recibe la señal de 90 Hz, el CDI se desvía a la derecha. El piloto debe girar hacia la derecha para centrar el CDI y el avión con la línea central de la pista.

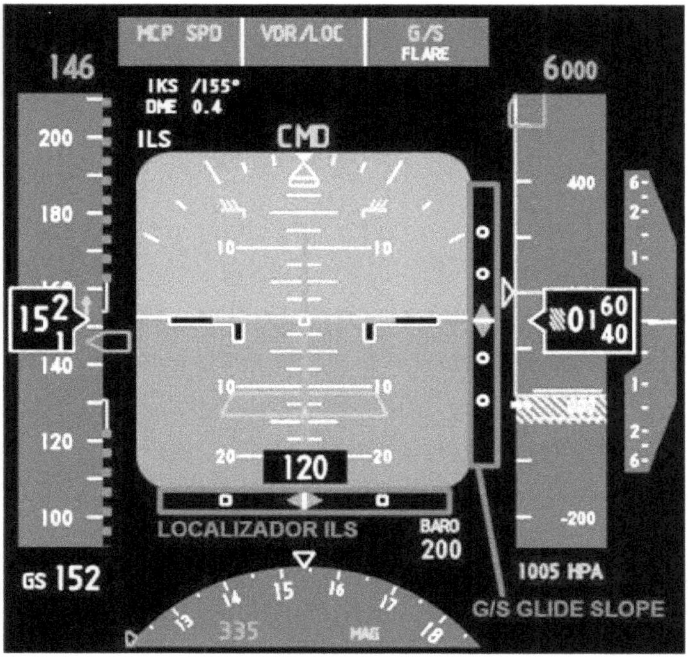

En el ejemplo de la figura anterior se puede ver como el PFD muestra el indicador de vuelo con las guías e indicaciones (tal como las barras móviles de los antiguos instrumentos analógicos) del sistema ILS; en este caso se observa que la aeronave se encuentra centrada en su aproximación final instrumental.

Las radiobalizas

Se trata de marcadores de emisión fija, que se ubican a lo largo de la senda de aproximación. Cada una de ellas se encuentra ubicada a una distancia determinada y tiene el objetivo de asistir a la maniobra de aproximación final. Las balizas emiten una señal VHF en frecuencia de 75 mHz (en la gran mayoría de los sistemas). Existen tres tipos de balizas:

- Baliza externa o *Outer Marker (OM)* (color azul): es la baliza que identifica el inicio de la senda de aproximación final. Se encuentra ubicada en una posición entre 4 a 7 NM del punto de contacto, alineada con el eje de pista. Emite dos rayas por segundo en código Morse, en un tono de 400 Hz.

- Baliza intermedia o *Middle Marker (MM)* (color ámbar): informa a la tripulación la proximidad al umbral de pista, generalmente esta baliza coincide con la altura de decisión (con respecto al tipo de categoría del ILS). Se ubica entre 0,5 a 0,8 NM del umbral de pista y modula en un tono de 1300 Hz a través de punto y raya alternativamente en código Morse.

- Baliza interna o *Inner Marker (IM)* (color blanco): es una baliza que se encuentra disponible en los sistemas de CAT II y CAT III. La baliza se ubica sobre la vertical exacta de la DA a una distancia de entre 75 a 420 metros del umbral de pista; por lo que indica a la tripulación el cruce del umbral y la proximidad de la toma de contacto. Esta baliza modula en una frecuencia de 3000 Hz.

Glide slope o pendiente de planeo

La guía vertical requerida para que una aeronave descienda para un aterrizaje, es proporcionada por la senda de planeo del ILS. Las señales de radio canalizan el avión hacia el punto de toma de contacto en la pista, en un ángulo de aproximadamente 3 °. La antena de transmisión de la senda de planeo está ubicada al costado de la pista de aproximación, aproximadamente a 1000 pies del umbral. Transmite en forma de cono con el campo estrechándose a medida que se acerca a la pista.

La antena del transmisor de deslizamiento está polarizada horizontalmente. El rango de frecuencia de transmisión es UHF entre 329.3 mHz y 335.0 MHz. La frecuencia se empareja con la frecuencia del localizador del ILS. Cuando el receptor VOR / ILS se sintoniza para la aproximación, el receptor de senda de planeo se sintoniza automáticamente. Al igual que el localizador, la senda de planeo transmite dos señales, una modulada a 90 Hz y la otra modulada a 150 Hz.

El receptor de senda de planeo del avión descifra las señales similares al método del receptor localizador. Impulsa un indicador de desviación de rumbo vertical conocido como indicador de senda de planeo. El indicador de senda de planeo opera de manera idéntica al CDI del localizador a solo 90 °. El CDI del localizador VOR / ILS y la senda de planeo se muestran juntos en cualquier tipo de instrumentación que se encuentre en la aeronave.

La antena UHF para la recepción del avión de las señales de senda de planeo viene en muchas formas. Una sola antena dipolo montada dentro de la nariz del avión es una opción común. Los fabricantes de antenas también han incorporado la recepción de senda de planeo en la misma antena dipolo utilizada para la recepción del localizador VOR / ILS.

Categorías ILS

El sistema de aproximación por instrumento estándar es el llamado Categoría I (CAT I), las categorías corresponden a la capacidad del sistema de generar una señal lo suficientemente precisa y con el alcance necesario para que la aeronave llegue a una determinada distancia y altura con respecto al punto de toque o *aiming point*, en función de la visibilidad presente en la pista.

A modo de referencia, las características y performances de las distintas categorías de los ILS se clasifican de acuerdo con el siguiente criterio:

- CAT I: permite realizar una aproximación y aterrizaje con una visibilidad mínima de 732 metros (2400 ft) o 549 metros (1800 ft) cuando la pista disponga de un sistema de balizado de eje de pista.

- CAT II: se trata de sistemas que permiten realizar una aproximación casi sin visibilidad. Las aproximaciones en CAT permiten aterrizar con una altura de decisión de 100 ft y un alcance de visibilidad de 350 metros.

- CAT III: la categoría III está compuesta a su vez de otras tres sub categorías. Este tipo de sistemas permite realizar aproximaciones sin limitación de altitud de decisión. El detalle de las capacidades es la siguiente:

- CAT IIIa: el rango de viabilidad debe ser superior a 213 metros (700 ft)
- CAT IIIb: el rango de visibilidad debe ser de entre 46 metros (150 ft) a 213 metros (700 ft)
- CAT IIIc: no requiere de un rango de visibilidad en la pista

RBT - Radar Beacon Transponder o transpondedor de a bordo

Se trata de un dispositivo "respondedor". Literalmente, es un equipo que responde ante la interrogación del sistema radar secundario terrestre (*SSR* - *Secondary Sourvillance Radar*) y sistemas TCAS de otros tránsitos, emitiendo una señal con información de la aeronave: identificación del vuelo (código de respondedor), nivel de vuelo, velocidad y condición de ascenso o descenso. La señal que emite el transpondedor de a bordo, es captada por la antena del radar secundario, para luego representar esa información en la pantalla radar del controlador aéreo.

El controlador aéreo utiliza un radar de vigilancia secundario (SSR) para verificar la posición del avión y agregar la tercera dimensión de altitud a su ubicación. El radar SSD transmite conjuntos o paquetes de pulsos codificados que son recibidos por el transpondedor a bordo del avión. Los impulsos de Modo 3 A, como se los conoce, ayudan a confirmar la ubicación de la aeronave. Cuando se establece la comunicación verbal con el controlador aéreo, se le indica al piloto que seleccione uno de los 4096 códigos en el transpondedor. Estos son códigos digitales.

La estación terrestre transmite un pulso de energía y el transpondedor transmite una respuesta con el código asignado adjunto. Esto confirma la ubicación de la aeronave al alterar su símbolo de objetivo en la pantalla del radar. Como la pantalla puede estar llena de muchos aviones confirmados, el controlador aéreo también puede pedirle al piloto que se identifique. Al presionar el botón *IDENT* en el transpondedor, se transmite de tal manera que el símbolo del objetivo de la aeronave se resalta en la pantalla para distinguirlo.

Para obtener una aclaración de altitud, el control del transpondedor debe colocarse en la posición ALT o Modo C. La señal transmitida de vuelta al controlador aéreo, en respuesta a la interrogación del pulso, se modifica con un código que coloca la altitud de presión de la aeronave junto al símbolo del objetivo en la pantalla del radar.

El sistema de transpondedor del avión descripto, se conoce como sistema de baliza de radar de control de tránsito aéreo (ATCRBS). Para mejorar las condiciones de seguridad, se ha desarrollado la respuesta de altitud en Modo S. Con el Modo S, a cada avión se le asigna previamente un código de identidad único, que se muestra junto con su altitud de presión en el radar cuando el transpondedor responde a la interrogación SSR. Como ninguna otra aeronave responde con este código, se elimina la posibilidad de que dos pilotos seleccionen el mismo código de respuesta en el transpondedor. Una computadora moderna con procesador de datos de vuelo (FDP) asigna el código de baliza y busca en los datos del plan de vuelo, información útil que se mostrará en la pantalla junto al objetivo, en un bloque de datos para cada avión.

El modo S, a veces también se lo conoce como selección de modo. Se trata de un paquete de datos que también se utiliza en los sistemas de prevención de colisiones a bordo. Cuando es utilizado por controlador aéreo, el modo S interroga a un avión a la vez. La carga de trabajo del transpondedor se reduce, al no tener que responder a todos los interrogatorios en un espacio aéreo. Además, la información de ubicación es más precisa con el Modo S. Una sola respuesta en la que se utiliza la fase de respuesta del transpondedor para calcular la posición, llamada monopulso, es suficiente para ubicar la aeronave.

TCAS - Traffic Collision Avoidance System

El sistema de prevención de colisiones en vuelo (TCAS) está compuesto por un equipo basado en el funcionamiento de los transponedores de a bordo. El TCAS procesa las señales de los respondedores de las aeronaves que se encuentran dentro del espacio aéreo circundante a la aeronave, y generan una indicación en cuanto a la posibilidad de acercamiento, distancia y actitud de los otros tráficos. En la actualidad existen dos tipos de TCAS: el TCAS I y el TCAS II.

El sistema TCAS I, fue desarrollado para dar brindar una defensa a la comunidad de aviación general y las aerolíneas regionales. Este sistema identifica el tráfico en un rango de 35 a 40 NM de la aeronave, y emite avisos de proximidad de tráfico (TA) para ayudar a los pilotos en adquisición visual de aviones intrusos. El TCAS I es de instalación y uso obligatorio en aeronaves con 10 a 30 asientos.

El sistema TCAS II, es un conjunto más sofisticado. Este sistema es de uso obligatorio internacionalmente en aeronaves con más de 30 asientos, o que pesen más de 15000 kg (peso máximo de despegue). El TCAS II proporciona la información del TCAS I, pero también analiza la trayectoria de vuelo proyectada de los aviones que se aproximan. Cuando el sistema detecta la posibilidad de una colisión o una pérdida de separación inminente, la computadora TCAS II emite un Aviso de Resolución (RA). Este es un comando auditivo para que el piloto tome una acción evasiva específica. La computadora está programada de tal manera, que el piloto en el avión invasor recibe un RA por acción evasiva en la dirección opuesta (si está equipado con TCAS II).

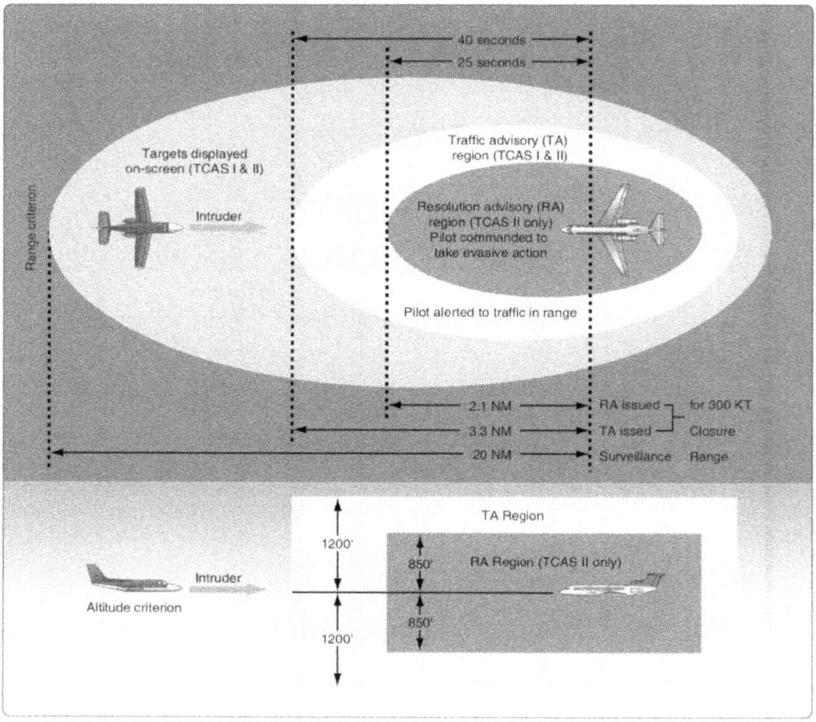

Extracto del documento sobre instrumentos de vuelo TCAS de FAA (federal aviation administration)

El transpondedor de una aeronave con TCAS puede interrogar a los transpondedores de otras aeronaves cercanas utilizando la tecnología SSR (Modo C y Modo S).

Esto se logra a través de la emisión de una señal de 1030 mHz. Los transpondedores de aeronaves interrogadas responden con una señal codificada de 1090 mHz que permite que la computadora TCAS muestre la posición y altitud de cada aeronave. Si la aeronave se encuentra dentro de las distancias horizontales o verticales que se muestran en la figura anterior, se anuncia un TA audible.

Si se presenta esta situación, la tripulación deberá decidir si es necesario tomar medidas. Las aeronaves equipadas con TCAS II utilizan información de respuesta continua, para analizar la velocidad y la trayectoria de la aeronave objetivo en las proximidades. Si se calcula que una colisión es inminente, se emite un RA; donde el propio sistema indicará la maniobra evasiva que es requerida para evitar la colisión.

Las aeronaves equipadas con distintos modelos de TCAS se muestran en una pantalla en la cabina de vuelo. Se utilizan diferentes colores y formas para representar a los aviones que se aproximan, dependiendo del nivel de amenaza inminente.

Dado que los RA están limitados actualmente a maniobras evasivas verticales, algunas pantallas TCAS independientes son indicadores electrónicos de velocidad vertical. La mayoría de las aeronaves usan alguna versión de un HSI electrónico en una pantalla o página de navegación para mostrar información TCAS.

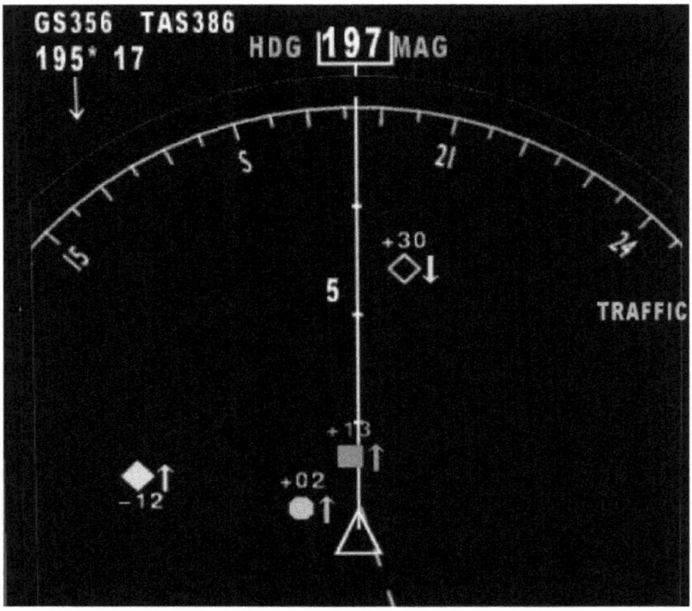

En el código QR que se encuentra a continuación, se encuentra disponible un video demostrativo del funcionamiento del sistema TCAS II, durante una sesión de entrenamiento en simulador de vuelo de Airbus A320 de la Empresa Turkish Airlines.

Escanea el código QR y observa el video de un ejemplo. (Video de acceso público disponible en YouTube. Reproducción sujeta al canal de YouTube. Referencias de autor en video).

Sistemas de advertencia de proximidad con el terreno – TAWS

Los sistemas de advertencia de proximidad con el terreno fueron diseñados como una defensa a los accidentes CFIT. CFIT es el acrónimo de la taxonomía OACI que define a los accidentes de "*impacto en vuelo controlado contra el terreno o agua*". Las distintas agencias de investigación de accidentes de aviación detectaron que, durante la década de 1970 a 1980, hubo un gran incremento de accidentes fatales vinculados a condiciones de desorientación espacial, pérdida de referencias con el terreno, ingreso en condiciones IFR en vuelos VMC, entre otras fallas activas. Por tal motivo, la industria comenzó a implementar este tipo de alarmas y defensas.

A lo largo de la evolución de estos equipos, se pueden identificar tres instancias de desarrollo tecnológico, de acuerdo con el siguiente detalle:

1° Terrain Avoidance and Warning System – TAWS (primera generación)
2° Ground Proximity Warning System – GPWS
3° Enhanced Ground Proximity Warning System – EGPWS

A partir de 1997, el sistema de advertencia de proximidad a tierra mejorado, desarrollado por el fabricante Honeywell (EGPWS), comenzó a instalarse en las aeronaves de transporte de modo obligatorio y normado. Este sistema relaciona la posición de la aeronave, la cual, debe ser de una fuente de GPS o alimentarse desde el FMS de la aeronave, a una base de datos de terreno, obstáculos, y aeropuerto a nivel mundial, que el fabricante del equipo actualiza regularmente.

Se puede generar un conjunto completo de advertencias confiables que utilizan, tanto el radioaltimetro como la posición relativa. Posteriormente, otros fabricantes de equipos originales produjeron sistemas similares, y todos han sido identificados genéricamente por la OACI como Sistemas de alerta del terreno (TAWS). Los términos EGPWS y TAWS se han vuelto efectivamente intercambiables y para evitar confusiones, el GPWS original, que se está volviendo cada vez más escaso, se denominará en este artículo como "GPWS básico".

Los equipos TAWS se clasifican en "*Clase A*" o "*Clase B*", de acuerdo con su tecnificación y performances de uso. Para una rápida individualización, los sistemas *A,* son los requeridos por norma de certificación para la aviación de transporte; mientras que los *B*, son los requeridos para determinadas categorías de la aviación general.

Tanto los sistemas A, como los B, deben poseer la función de *Premature Descent Alert – PDA*. La PDA correlaciona los datos de radioaltimetro, con el rango de descenso, rumbo y datos de navegación de la aeronave (base de datos interna). Ambos dispositivos deben estar provistos con dispositivos de alarmas visuales y audibles.

En paralelo a estos requerimientos de certificación comunes a ambos, deberán cumplir los siguientes requisitos:

TAWS Clase A

- Indicación de rango de descenso excesivo.
- Exceso de proximidad con el terreno.
- Aproximación al terreno, cuando la aeronave no está configurada para el aterrizaje.
- Exceso de desviación de la senda de planeo, durante una aproximación ILS.
- Callout verbal de "500 pies" ("*Five Hundred*"); cuando la aeronave descienda por debajo de los 500 pies en proximidades a la pista donde se realizará el aterrizaje.

TAWS Clase B

- Indicación de rango de descenso excesivo.
- Rango de ascenso negativo o pérdida de altitud posterior al despegue.
- Callout verbal de "500 pies" ("*Five Hundred*"); cuando la aeronave descienda por debajo de los 500 pies en proximidades a la pista donde se realizará el aterrizaje.

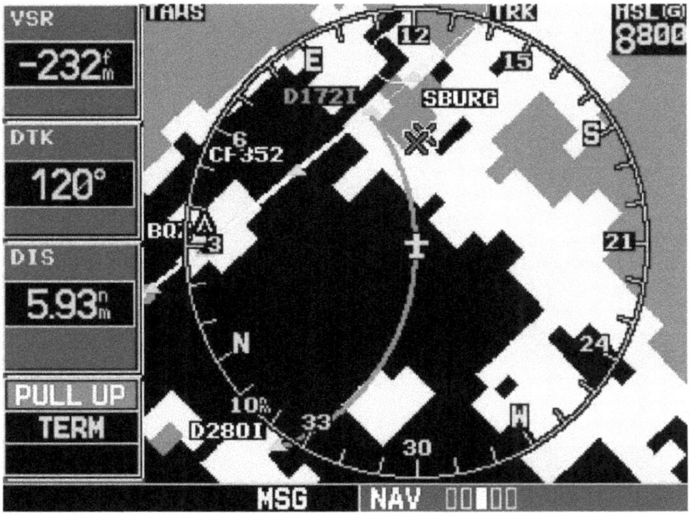

Tal como se expresó, en la aviación de transporte el requerimiento y nivel de seguridad brindado por el equipo es mucho mayor. Los EGPWS utilizados en las aeronaves de transporte proveen una serie de *callouts* y alarmas aurales (verbales) y visuales, que tienden a mantener la atención de la tripulación en las tareas, a la vez que son advertidos de las condiciones potencialmente riesgosas a las que se enfrenta la aeronave. A continuación, se listan los *callouts* de uso corriente en los sistemas de aviación de comercial o Clase A.

Condición	Callout	Aural warning
Excesivo rango de descenso	SINKRATE	*"whoop whoop, pull up"*
Aproximación excesiva al terreno	TERRAIN TERRAIN	*"whoop whoop, pull up"*
Pérdida de altura posterior al despegue o durante un go-aroud	DON'T SINK	N/A
Distancia insegura al terreno sin tren abajo y trabado	TO LOW - GEAR	N/A
Proximidad con el terreno posterior al despegue	TO LOW - TERRAIN	N/A
Distancia insegura al terreno sin selección de flaps adecuada	TO LOW - FLAP	N/A
Exceso de descenso por debajo de la senda del glideslope (ILS)	GLIDESLOPE	N/A

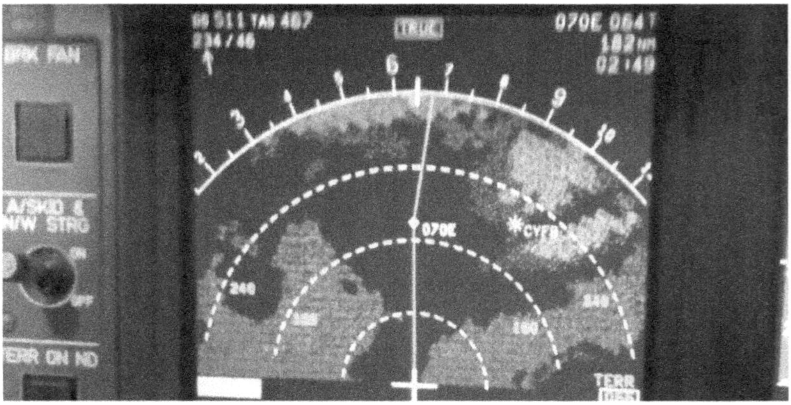

En esta figura se aprecia el PDF de una aeronave de gran porte, como el Airbus A330, donde el modo de navegación de la pantalla principal de vuelo, muestra de modo integrado los datos del sistema EGPWS. Al tiempo que la información es presentada, se encuentran activos los *callouts* mencionados en la tabla anterior y las alarma de protección.

Sensor de mapeo meteorológico

El sensor de mapeo meteorológico, más conocido en la industria como *Stormscope*, es un equipo diseñado para detectar carga eléctrica en las tormentas y nubosidad, en un rango de distancia que depende de las características del equipo. La información de la acumulación de campos eléctricos, se detecta a través de una antena de campo electromagnético, que envía la señal a un procesador central, y luego este, la proyecta en una pantalla en la cabina de vuelo.

El sistema *Stormscope* es un nombre patentado, a menudo asociado con detectores de rayos. Hay otros que funcionan de manera similar. Una pantalla específica, traza la ubicación de cada golpe, dentro de un rango de 200 millas, con una pequeña marca en la pantalla. A medida que pasa el tiempo, las marcas pueden cambiar de color para indicar su intensidad. No obstante, una serie de rayos en un área pequeña indican una celda de tormenta, y el piloto puede navegar a su alrededor. Los rayos también se pueden trazar en una pantalla de navegación multifuncional.

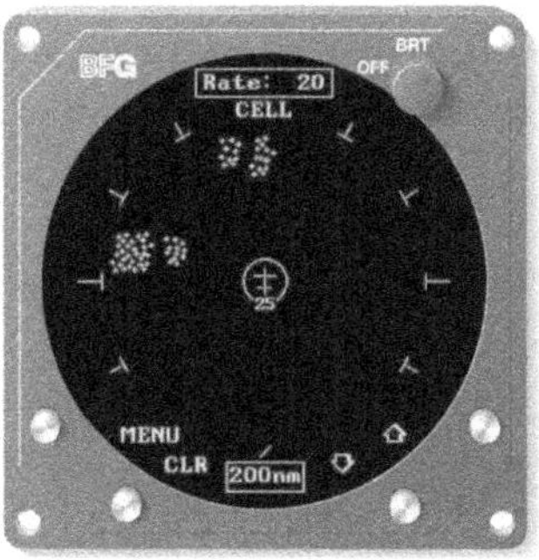

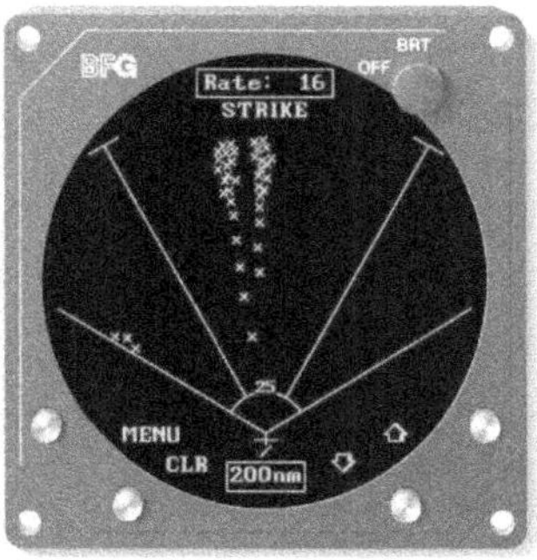

En las imágenes que se ven en la figura anterior se observan dos modos de presentación del mismo modelo de equipo. En la imagen de la izquierda se aprecia un rango de cobertura de 200 NM en la función de celda 360° (*Cell Display mode*); mientras que en la imagen de la derecha se observa una vista de apertura de 120° con un rango de alcance de 200 NM (*Strike Display view*).

El Stormscope es un dispositivo de sensor pasivo, con capacidad de detectar campos electromagnéticos, no es un radar meteorológico. Es muy importante destacar esta diferencia, ya que puede ser confundido. Un radar, es un equipo que emite y procesa señales; en los próximos párrafos se hará una descripción pormenorizada de ese equipo.

Para una mejor comprensión de la funcionalidad del equipo, se tomará como referencia el Stormscope WX-500 Serie II, del fabricante de sistemas electrónicos de a bordo L3.

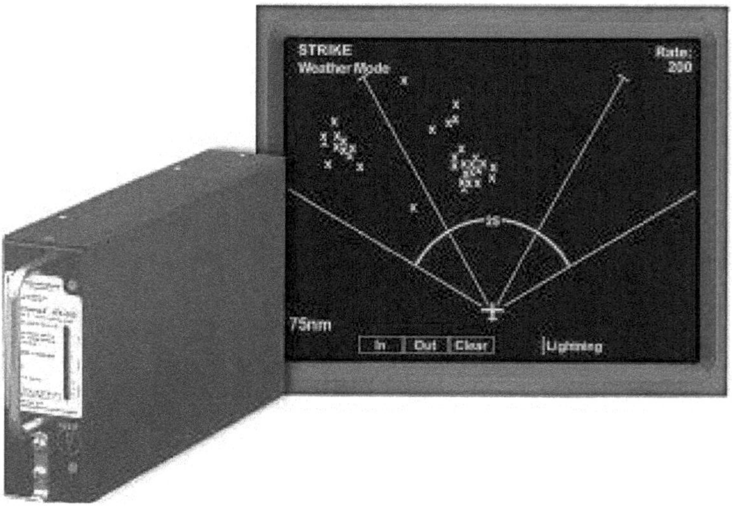

Al equipo que se observa en la figura anterior, se le agrega una antena/sensor exterior que se ubica en el fuselaje exterior de la aeronave.

Esa antena es la encargada de detectar la actividad electromagnética asociada a las tormentas. La antena se encuentra equipada con un filtro que permite diferenciar las ondas electromagnéticas provenientes de las tormentas de otras ondas presentes en las proximidades del equipo.

El WX-500 utiliza un algoritmo de agrupamiento para localizar las celdas de tormenta. Los datos de la celda son más útiles durante los períodos de fuertes cargas eléctricas. Mostrar datos de celda durante estos períodos permite al piloto ver rápidamente dónde están las células y la mayor actividad eléctrica en la nubosidad. El sistema representa en la pantalla a los sectores de concentración de energía como "puntos" en una pantalla de radar.

La tecnología de mapeo de tormentas utilizada en el WX-500 es diferente a la tecnología utilizada en los radares meteorológicos. El radar meteorológico funciona transmitiendo ondas de radio UHF en la dirección de interés, y recibiendo ecos de gotas de agua, mientras que el WX-500 funciona recibiendo señales ya presentes en la atmósfera, debido a descargas eléctricas. El procesador WX-500 analiza las características únicas de estas señales, su intensidad de señal, y sus tasas variables de recurrencia, para determinar la ubicación e intensidad de las tormentas eléctricas que generaron las descargas. El WX-500 puede recibir señales electromagnéticas radiadas de descargas eléctricas a una distancia de hasta 200 nm.

Una desventaja del radar meteorológico, es que la etapa de cúmulos de una tormenta eléctrica (generalmente sin precipitaciones), es poco probable que aparecer en la imagen del radar; sin embargo, generalmente contiene descargas eléctricas que serán detectadas por el WX-500 como un grupo reducido, pero creciente en puntos de descarga.

Otra desventaja del radar meteorológico es que, debido a la atenuación, es posible que no vea la "tormenta detrás de la tormenta" o subestime su intensidad. El WX-500 no está sujeto a atenuación. Con el WX-500, las descargas eléctricas son mapeadas en toda el área de la tormenta. El tamaño del grupo de los puntos de descarga detectados por su WX-500, indican el tamaño del área de la tormenta. La velocidad con la que la descarga se refleja en los puntos, indica la intensidad de la tormenta, independientemente del tamaño del grupo. Cuanto más intensa es la tormenta, más rápido reaparecen los puntos de descarga.

Radar meteorológico

El radar meteorológico es un equipo de a bordo que permite evaluar las condiciones climatológicas en rangos de distancia variable, habitualmente entre 40 a 120 o 160 NM, según el tipo de equipo. Su funcionamiento se basa en el principio del radar, pero en vez de interpretar un punto en particular, representa una situación atmosférica en una escala cromática.

Existen dos tipos de sistemas de radar meteorológico de a bordo:

- Radar de detección y representación de la situación atmosférica
- Interpolación de información satelital desde una fuente externa de la aeronave

Los radares meteorológicos de detección funcionan de manera similar al radar del controlador aéreo, excepto que las ondas de radio rebotan en la precipitación, en lugar de las aeronaves. La precipitación densa crea un retorno más fuerte que la precipitación leve.

El receptor de radar meteorológico a bordo, está configurado para representar retornos pesados en color rojo, retornos medio en color amarillo y retornos leves en color verde, todos representados en la pantalla del radar. Las nubes sin masa de humedad significativa (o en estado sólido o líquido) no crean un retorno o reflejo de radar. El color magenta está reservado para representar precipitaciones intensas o turbulencias.

Con respecto al funcionamiento radioeléctrico, debe mencionarse que las ondas utilizadas en los sistemas de radar meteorológico están en el rango SHF, como 5,44 gHz o 9,375 gHz. Las ondas se transmiten hacia adelante del avión desde una antena direccional que generalmente se encuentra detrás de un cono de nariz no metálico.

El equipo emite pulsos de aproximadamente 1 microsegundo de longitud. El transceptor de radar cambia la antena para recibir durante aproximadamente 2500 micro segundos después de que se activa un pulso transmitido para recibir y procesar cualquier devolución.

El ciclo se repite y los circuitos del receptor crean una imagen bidimensional de precipitación para su visualización. El equipo posee ajustes de ganancia que controlan el alcance del radar.

Cabe señalar que los equipos de radar meteorológico no se encuentran disponibles en aeronaves livianas (monomotores); son sistemas instalados en aeronaves bimotores y reactores. En la siguiente imagen, se puede observar la instalación del equipo en un avión de transporte Airbus A320.

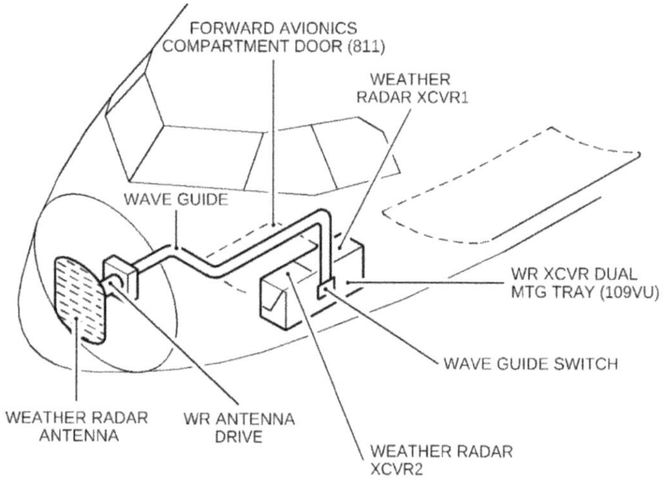

Elementos de control y representación del radar meteorológico en la cabina de vuelo del Airbus A320.

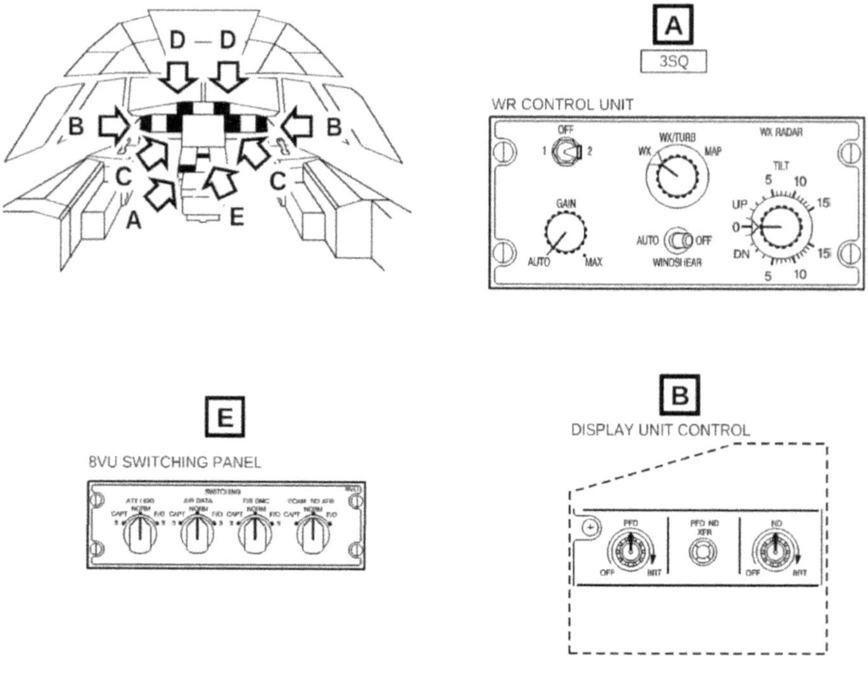

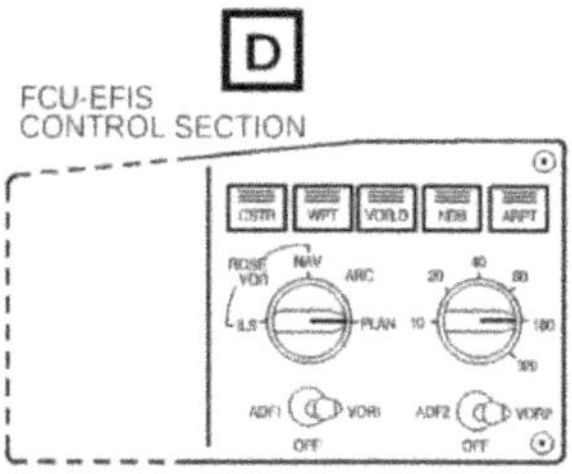

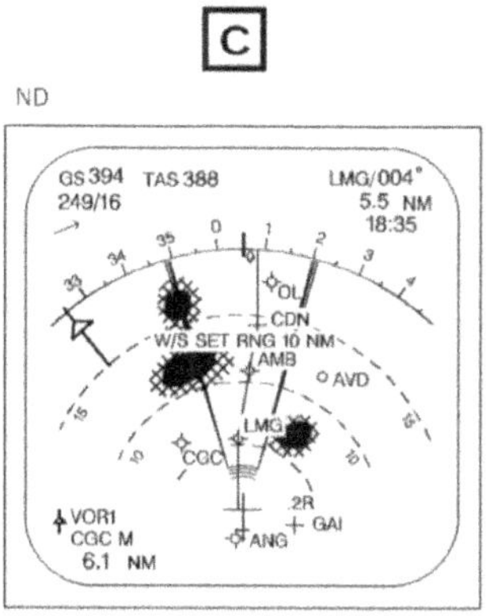

En la siguiente imagen se ve el detalle de presentación en un sistema de radar meteorológico utilizado en aeronaves turbohélice de aviación general. Presentación de datos radar meteorológico aeronave Mitsubishi MU-2.

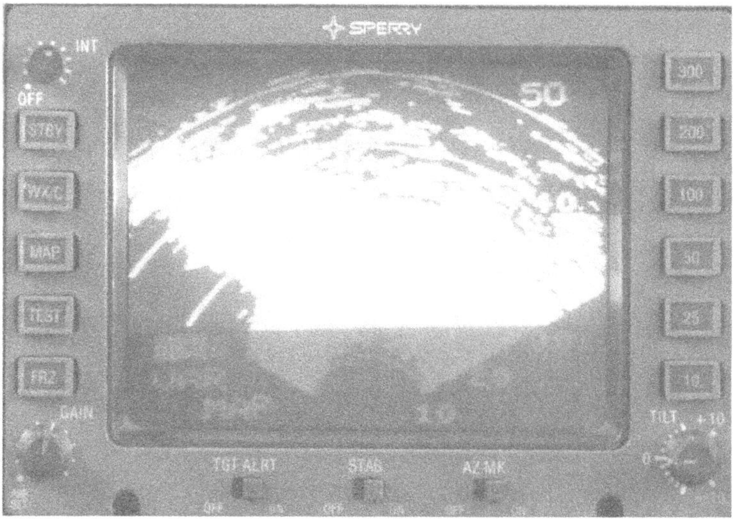

La turbulencia severa, la cizalladura o cortante de viento y el granizo son las amenazas meteorológicas de mayor riesgo en el vuelo de crucero. Si bien el granizo proporciona un retorno en el radar meteorológico, la cizalladura del viento y la turbulencia deben interpretarse a partir del movimiento de cualquier precipitación que se detecte. Se anuncia una alerta si esta condición ocurre en un sistema de radar meteorológico así equipado.

La turbulencia del aire claro (CAT) no es detectable por parte de la gran mayoría de los sistemas de radar.. El “ruido” del suelo también debe atenuarse cuando el barrido del radar incluye cualquier característica del terreno. En la imagen se observa la representación completa en la cabina de vuelo del Airbus A320.

La detección de rayos es otro de las herramientas confiables para identificar el clima potencialmente peligroso. El rayo emite su propia señal electromagnética. El acimut de un rayo puede ser calculado por un receptor usando una antena tipo bucle como la que se usa en el ADF. Algunos detectores de rayos utilizan la antena ADF del sistema de navegación de la aeronave. El alcance del rayo está estrechamente asociado con su intensidad. Los ataques intensos se trazan como cerca de la aeronave.

Instrumentos y sistemas satelitales

GPS - Global Positioning System

El sistema de posicionamiento global (GPS), es la utilización de una combinación de dispositivos terrestres y satélites en órbita, que permite la localización de un objeto, persona, transporte, etc. sobre cualquier punto de la superficie terrestre, a través de la localización con coordenadas geográficas. El sistema fue desarrollado por del Departamento de Defensa de los Estados Unidos, y hoy es controlado por la Fuerza Aeroespacial de los Estados Unidos. Durante los últimos años de la Guerra Fría, la ex Unión Soviética, diseño e implementó un sistema similar al GPS, llamado GLONASS; actualmente ese sistema es controlado y administrado por la autoridad aeroespacial de la Federación Rusa.

El elemento fundamental del sistema GPS es el satélite. Para el funcionamiento de los GPS, es necesario que cada equipo pueda recibir, al menos, la señal de 4 satélites. Los satélites destinados a la navegación GPS, se encuentran en órbitas ubicadas a una distancia promedio de 20000 km de altura de la superficie terrestre. En función de las señales, el aparato sincroniza su propio reloj con el tiempo del sistema GPS y calcula el tiempo que tardan en llegar las señales al equipo, y de tal modo mide la distancia al satélite. Mediante el método de trilateración inversa, computa su propia posición.

El sistema GPS está compuesto por veinticuatro satélites (21 activos, 3 de backup), en seis llanuras separadas de la órbita, y comprenden lo que se conoce como el segmento espacial del sistema GPS. Los satélites están posicionados de tal manera que, en cualquier lugar de la tierra y en cualquier momento, al menos cuatro estarán a un mínimo de 15 ° sobre el horizonte. Por lo general, se ven entre 5 y 8 satélites.

Dos señales cargadas con información codificada digitalmente se transmiten desde cada satélite. La transmisión del canal L1 en una frecuencia portadora de 1575.42 mHz se utiliza en la aviación civil. La identificación, la posición y la hora del satélite se transmiten al receptor GPS de la aeronave en esta señal modulada digitalmente junto con el estado y otra información. Los militares utilizan una transmisión de 1227.60 mHz del canal L2.

La cantidad de tiempo que tardan las señales en llegar al receptor GPS de la aeronave, desde los satélites transmisores, se combina con la ubicación exacta de cada satélite, para calcular la posición de una aeronave. El segmento de control del GPS monitorea cada satélite, para asegurar que su ubicación y hora sean precisas. Este control se logra a través de cinco estaciones receptoras en tierra, una estación maestra de control y tres antenas transmisoras. Las estaciones receptoras envían la información de estado recibida de los satélites, a la estación maestra de control. Se realizan cálculos y se envían instrucciones correctivas a los satélites a través de los transmisores.

El segmento de usuario del GPS se compone de los miles de receptores instalados en las aeronaves, así como todos los demás receptores que utilizan las transmisiones GPS.

El control, la pantalla y el receptor generalmente se encuentran en una sola unidad que también puede incluir circuitos VOR / ILS y un transceptor de comunicaciones VHF. La inteligencia GPS está integrada en las pantallas multifuncionales de los aviones de cabina de tipo "*glass cockpit*"; aunque también es frecuente el uso de equipos portátiles o de rock individual, en aeronaves livianas de menor tecnología.

El receptor GPS mide el tiempo que tarda una señal en llegar desde tres satélites transmisores. Como las ondas de radio viajan a 186000 millas por segundo, se puede calcular la distancia a cada satélite. La intersección de estos rangos proporciona una posición bidimensional de la aeronave. Se expresa en coordenadas de latitud / longitud. Al incorporar la distancia a un cuarto satélite, también se puede calcular la altitud sobre la superficie de la tierra. Esto da como resultado una solución tridimensional. Las entradas de satélite adicionales refinan la precisión de la posición.

Una vez que se determinó la posición de la aeronave, la unidad GPS procesa muchas salidas de navegación útiles, tales como velocidad, dirección, rumbo a un punto de referencia, distancia recorrida, hora de llegada y más. Estos se pueden seleccionar para su uso. Los puntos de referencia se pueden ingresar y almacenar en la memoria de la unidad. Las características del terreno, los datos del aeropuerto, el VOR RNAV, y la información de aproximación, las frecuencias de comunicación y más; también se pueden cargar en una unidad GPS. La mayoría de las unidades modernas vienen con capacidad de visualización de mapas en movimiento.

Un beneficio principal del uso del GPS es la inmunidad contra la interrupción del servicio debido al clima. Se introducen errores mientras las ondas transportadoras viajan a través de la ionosfera; sin embargo, estos se corrigen y se mantienen al mínimo.

Los receptores GPS para navegación IFR en aeronaves, deben estar construidos según lo establecido en la norma TSO-129A de la Federal Aviation Administration.

La precisión del GPS actual está dentro de los 20 metros horizontalmente y un poco más verticalmente. Esto es suficiente para la navegación en ruta con mayor precisión que la requerida. En el siguiente código QR se en cuenta disponible un video ilustrativo de la mecánica de funcionamiento del GPS y el fundamento satelital.

Escanea el código QR y observa el video de un ejemplo.

(Video de acceso público disponible en YouTube. Reproducción sujeta al canal de YouTube. Referencias de autor en video).

En la actualidad, la gran mayoría de aeronaves livianas se encuentran equipadas con sistemas GPS de fácil uso, instalación y a un costo relativamente económico. Este es el caso del equipo Garmin G175; un sistema sencillo, de costo accesible y de gran ayuda para la navegación.

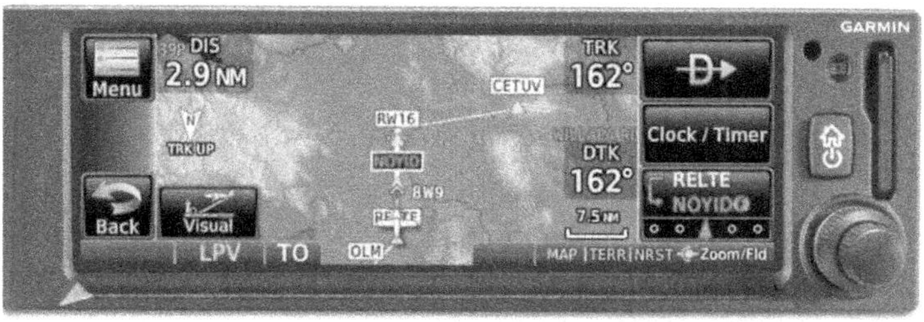

Este tipo de GPS poseen dispositivos de memoria no volátil en formato SD, que permite al usuario actualizar de modo sencillo y sin necesidad de desinstalar el equipo de la aeronave, las bases de datos de cartas de navegación, radioayudas, pistas, etc.

En la imagen que se muestra a continuación se observa un conjunto de GPS y sistema de navegación y vuelo Garmin G1000.
Este tipo de equipos se en cuentan instalados en aeronaves de aviación general y permiten darle una funcionalidad y herramientas similar a las que posee un a cabina de vuelo de una aeronave de transporte. Las pantallas de presentación de los G1000, entre otros, integran los datos de navegación junto con un colimador de vuelo y la presentación de la información de parámetros de vuelo, tal como se proyecta en un pantalla de vuelo principal de una aeronave de transporte. Asimismo, poseen la capacidad de presentar parámetros y datos de motor, frecuencia de comunicaciones, frecuencias de radioayudas, entre otros datos fundamentales para el vuelo.

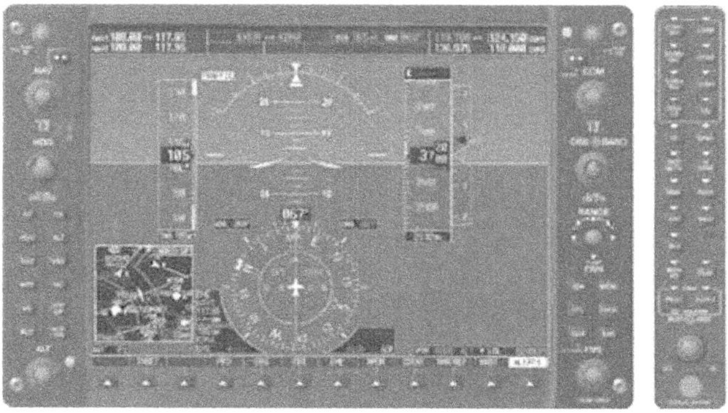

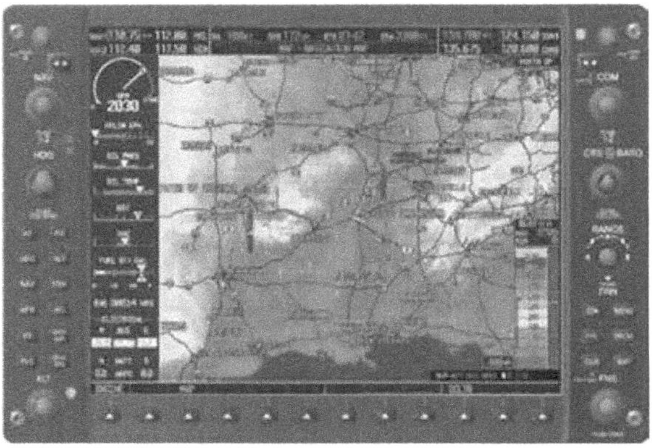

Dependiendo del tipo de aeronave y de si está instalado o no un sistema de piloto automático GFC 700, el sistema G1000 consistirá en dos pantallas GDU 1040 (sin piloto automático), un GDU 1040 PFD/GDU 1043 MFD (piloto automático GFC 700 instalado) o un GDU 1045 PFD/ GDU 1045 MFD. El sistema Garmin G1000 está compuesto por dos pantallas principales que funcionan como pantalla principal de vuelo (PFD) y pantalla multifunción (MFD); como así también posee un panel de comunicaciones integrado, que se ubica entre ambas pantallas. Este sistema, está compuesto por los siguientes subconjuntos o equipos:

- Sistema GPS integrado de navegación
- GMA audio panel
- Unidad de aviónica integrada (integración de los sistemas radioeléctricos)
- ADC Air Data Computer
- Transpondedor de a bordo
- Sistema complementario de datos y parámetros de motor
- TAWS

El GDU 1040 es el nuevo estándar sin teclas de selección de modo piloto automático/director de vuelo debajo del error de rumbo. El GDU 1043 tiene teclas de piloto automático/director de vuelo para todos los modos GFC 700 excepto VNAV. El GDU 1045 es esencialmente idéntico al GDU 1043, excepto por la adición de un modo de piloto automático/ director de vuelo para VNAV. Dependiendo de cómo se instalen las unidades, una falla del MFD puede afectar o no el uso del piloto automático o del director de vuelo.

Si se usa un GDU 1040 como PFD en un avión equipado con un piloto automático GFC 700, una falla del MFD (que contiene las teclas de selección del modo de piloto automático) dejará el piloto automático activado, pero los modos no se pueden cambiar porque no hay teclas de piloto automático presente en el PFD. Ante una falla MFD en un avión con el piloto automático GFC 700 y un bisel GDU 1043 o GDU 1045 instalado como PFD, el piloto tendrá el uso completo del piloto automático a través de las teclas en el PFD.

Tanto el PFD como el MFD tienen slot para la utilización de memorias de estado sólido (memorias tipo SD). La ranura superior se usa para actualizar la base de datos de navegación y cartas (también conocida como NavData) cada 28 días, y para cargar software y configuración en el sistema. La base de datos de aviación debe estar actualizada para usar el GPS para la navegación durante las aproximaciones por instrumentos IFR. La ranura inferior alberga las bases de datos de terreno del mundo y obstáculos.

Si bien la información sobre el terreno rara vez cambia o necesita actualizarse, las bases de datos de obstáculos se pueden actualizar cada 56 días a través de un servicio de suscripción. La tarjeta superior se puede quitar del sistema G1000 después de una actualización, pero la tarjeta inferior debe permanecer tanto en el PFD como en el MFD para garantizar un conocimiento preciso del terreno y la información.

También es importante destacar que los sistemas como el G1000 y similares poseen una interfaz de anuncio y trabajo en conjunto con las alarmas de proximidad con el terreno; hecho que los hace equipos más seguros y confiables para la navegación.

En paralelo a estos sistemas complejos, es importante destacar el advenimiento de las aeronaves no tripuladas, conocidas como drones. Técnicamente, en el ámbito de la aviación civil se las denomina VANT (Vehículo Aéreo No Tripulado). La mención viene a colación ya que estas aeronaves se encuentran completamente referenciadas por sistema GPS.

Más allá de los sistemas propios de cada equipo para el control de vuelo, las protecciones por distancias, sistemas inhibidos de señal, etc. Existen aplicaciones muy sencillas para dispositivos móviles, donde el usuario puede verificar la cantidad de señales de satélites disponible, la cantidad de interferencia, datos de posicionamiento y meteorología, que sirven de apoyo para el vuelo de los VANT. En la siguiente imagen se observa una captura de pantalla del software UAV Forecast, uno de los más utilizados actualmente.

Para aumentar la precisión del GPS para la navegación de aeronaves, se desarrolló el sistema de aumento de área amplia (WAAS) en algunas regiones del planeta; el WAAS particularmente, corresponde a América del Norte. Este sistema consiste en aproximadamente 25 estaciones terrestres inspeccionadas con precisión que reciben señales de GPS y finalmente transmiten información de corrección a la aeronave.

Las estaciones terrestres WAAS reciben señales de GPS y errores de posición hacia adelante a dos estaciones terrestres maestras. Se analiza la información de tiempo y ubicación, y se envían instrucciones de corrección a los satélites de comunicación en órbita geoestacionaria a través del NAS. Los satélites emiten señales de tipo GPS que los receptores

GPS habilitados por WAAS utilizan para corregir la información de posición recibida de los satélites GPS.

Se requiere un receptor GPS habilitado para WAAS para usar el sistema de aumento de área amplia. Si está equipado, una aeronave se encuentra certificada para realizar aproximaciones de precisión en miles de aeropuertos sin ningún equipo de aproximación en tierra. Los mínimos de separación también se pueden reducir entre aeronaves que están equipadas con WAAS. Se sabe que el sistema WAAS reduce los errores de posición entre 1 a 3 metros lateral y verticales. Las estaciones maestras del sistema WAAS toman los datos de las estaciones de referencia (WRS), verifican las señales de correcciones anteriores y generan una nueva señal de corrección WAAS. Esta señal de corrección es transmitida a través de las estaciones terrestres a los satélites geoestacionarios, como los de Inmarsat o satélites exclusivos, para ser enviadas a los receptores.

La WMS es responsable por filtrar todas las observaciones GPS hechas desde los receptores de referencia, estimando los estados de los modelos de error tanto ionosféricolll, de reloj, etc. y calculando estimaciones y generando finalmente los mensajes WAAS (trama de 250 bits) que serán enviados y aplicados a los cálculos hechos en los receptores WAAS a bordo de las aeronaves.

Banderillero satelital

Los banderilleros satelitales son equipos específicos de GPS utilizados en la aviación agrícola. Se tratan de sistema de posicionamiento, como el nombre lo sugiere, es un método para identificar y grabar, electrónicamente, la ubicación en el espacio de un objeto; en este caso en particular un lote o campo donde se realizará aplicación aérea. Uno de estos sistemas es el GPS (Sistema de Posicionamiento Global), cuyo principio es el uso de señales satelitales para definir posiciones sobre la tierra. Este servicio se encuentra disponible en cualquier punto del planeta, las 24 horas del día y en forma gratuita. El sistema consta de una constelación de 24 satélites NAVSTAR divididos en seis órbitas de 4 satélites cada una. Cada satélite emite continuamente su posición y el tiempo exacto a través de señales de radio.

El funcionamiento de los banderilleros satelitales se basa en el Sistema de Posicionamiento Global GPS, mediante el cual la maquinaria de aplicación de productos químicos o fertilizantes está ubicada en tiempo real en un lugar del espacio constantemente.

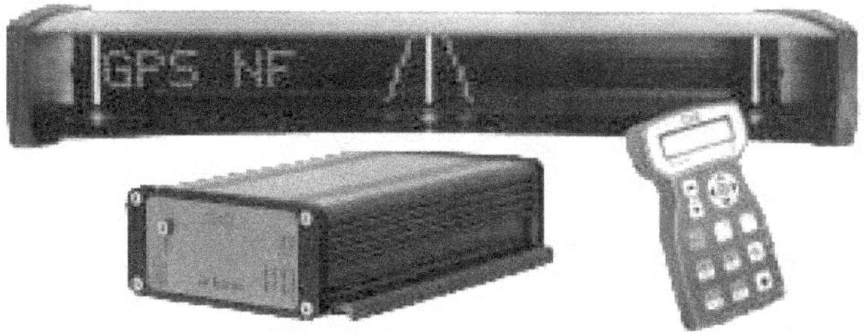

El sistema GPS concebido originalmente como auxiliar para la navegación de las fuerzas militares de EEUU. posee 3 subsistemas o segmentos que lo componen: 1- Segmento espacial o subsistema satelitario, 2- Segmento de control o subsistema de control y 3- Segmento de usuario o subsistema del usuario.

- Está constituido por 24 satélites operativos de la constelación NAVSTAR (GPS), los cuales se hayan distribuidos en 6 órbitas elípticas, los satélites tienen un período de casi 12 horas y orbitan aproximadamente a 20.000 km de altitud. La configuración de la constelación asegura que siempre haya un mínimo de 4 satélites visibles desde cualquier punto de la tierra. Los satélites emiten un código pseudo aleatorio (PRN) en su señal mediante el cual son identificados por sus receptores.

- Controlan la información de los satélites y pueden corregir aumentando o disminuyendo el error.

- Por último el segmento usuario que es el que realiza su trabajo en base a la información recibida.

El Departamento de Defensa de los Estados Unidos le introdujo intencionalmente un error al azar al sistema, lo que le confiere una precisión de +/- 100 m. Esto es un error que haría imposible la aplicación de este sistema en la agricultura de precisión. Por eso se ha desarrollado un método para mejorar su precisión, llamado corrección diferencial. Usando la corrección diferencial para mejorar al GPS produce lo que se llama DGPS (Sistema de Posicionamiento Global Diferencial). Este sistema está basado en un receptor estacionario de GPS ubicado en un lugar de coordenadas conocidas. Como el receptor estacionario conoce su posición real y la posición real de cada satélite, conoce la distancia real a cada satélite.

Cuando la unidad calcula la distancia estimada a cada satélite, que está en línea de vista, también puede determinar el error en cada medida. La diferencia entre la distancia real y la distancia medida por GPS, se designa como la distancia de corrección diferencial. Estas correcciones son transmitidas a unidades GPS que la reciban y de esta forma van corrigiendo sus distancias estimadas en tiempo real.

Básicamente la función del banderillero es:

- Posicionar a la aeronave sobre el terreno o lote objetivo de la aplicación o siembra aérea.
- Delimitar las pasadas, con rumbo y distancia precisa.
- Indicar la altura optima de rociado o espolvoreo, de acuerdo con el producto en cuestión.

En la esta figura se observa el detalle de la cabina de vuelo de una aeronave específica de aeroaplicación. En el panel de instrumentos se identifica una pantalla LCD de control del sistema satelital que ubica las coordenadas del lote destino del trabajo y la proyección del vuelo (rumbo y altura) deseable para realizar la tarea con precisión. En el extremo delantero del fuselaje, y a la vista del piloto, se encuentra ubicada la barra lumínica, cuyo objetivo es guiar al piloto en la precisión de cada una de las pasadas, sin que este deje de prestar atención a al vuelo y los potenciales obstáculos en su trayectoria.

ELT - Emergency Locator Transmitter

La baliza localizadadora de emergencia (ELT) es un dispositivo diseñado para ubicar la posición geográfica de una aeronave en caso de un accidente o aterrizaje de emergencia en un punto remoto. El ELT es un localizador de emergencia que posee un transmisor independiente alimentado por batería, que se activa ante la presencia de un pico de fuerzas *G* experimentadas durante un choque. La activación del ELT también puede ser realizada de modo manual a través de un switch ubicado en la cabina de vuelo, o bien desde el mismo equipo instalado en la aeronave. Estos equipos son de uso obligatorio en todas las aeronaves, solo quedan exceptuados algunos casos específicos, con limitación de vuelo local, entre otras.

Es importante tener en cuenta que el ELT tiene una posición específica de instalación en la aeronave. Eso se debe a que la sensibilidad y capacidad de activación del G-Switch se da por el censado de aceleraciones en el eje longitudinal del equipo. Es decir, un valor de aceleraciones extremas aplicado en otro eje, puede no activar el sensor y el equipo no transmitir a pesar de haberse producido un impacto de la aeronave con el terreno. Al respecto, también debe considerarse que los equipos diseñador para ser instalados en helicópteros, poseen sistemas de censado de las aceleraciones distintos a los de las aeronaves de ala fija. El helicóptero, por su mecánica de vuelo particular y en caso de un accidente, presentará una

descomposición de aceleraciones que probablemente sean muy distintas a la del avión. Es por ello por lo que los ELT para helicópteros poseen diferencias en los ejes de censado de las aceleraciones.

El ELT transmite una señal digital cada 50 segundos en una frecuencia de 406.025 MHz a 5 vatios durante al menos 24 horas. La señal es recibida en cualquier parte del mundo por los satélites del sistema satelital internacional COSPAS-SARSAT. Se utilizan dos tipos de satélites, la órbita terrestre baja (LEOSAT) y los satélites geoestacionarios (GEOSAT) con diferente capacidad complementaria. La señal se procesa y almacena parcialmente en los satélites y luego se transmite a las estaciones terrestres conocidas como terminales de usuario local (LUT). El descifrado de una señal se lleva a cabo en las LUT, y las operaciones de búsqueda y rescate apropiadas se notifican a través de los centros de control de misión (MCC) establecidos para este propósito.

Para una mejor comprensión del funcionamiento, se consideran a continuación, las especificaciones de uno de los ELT más utilizados en la aviación general a nivel mundial: el Artex ELT 1000.

El Artex ELT 1000 emite en dos bandas al mismo tiempo: en 121.5 mHz (banda de emisión de la primera generación de ELT), y en frecuencia 406 mHz (actual requerimiento de certificación aeronáutica). Posee una capacidad de emisión autónoma por 24 h de pulsos de 5W (440 m/s). Para ello, se encuentra equipado con baterías de Litio (LiSO2) que poseen una vida promedio de 6 años. La activación del sensor de fuerzas aceleratorias (G Switch) tiene una sensibilidad de 2,3 G.

Si bien el ELT es un equipo de altas prestaciones, certificado y de eficiencia comprobada; posee algunos “puntos débiles” que, en ocasiones, imposibilitan la activación ante un accidente. A continuación, se exponen algunas de las variables que podrían condicionar la activación del equipo o la falta de detección por parte del sistema COSPAS-SARSAT:

- La antena de emisión se encuentra instalada en al fuselaje de la aeronave (habitualmente en la zona de la estructura de cola, en aeronaves livianas) y conectada al equipo a través de un cable. Ente un accidente, ambos elementos pueden resultar dañados y por más que el equipo se active, no llega a emitir la señal.

- Si la mecánica del impacto no presenta un pico de desaceleración en el eje longitudinal del ELT, es muy probable que no se active.

- Si el ELT no se encuentra debidamente registrado y certificado por parte del servicio COSPAS-SARSAT, es probable que la señal recibida no contenga la información precisa para el rescate.

- La instalación del ELT en una posición inadecuada en la aeronave, puede condicionar la activación ante un accidente.

- La falta de recambio de la batería interna condiciona el funcionamiento del equipo.

En la siguiente imagen se observa un ELT Artex desarmado; donde puede apreciarse como el sentido de instalación del dispositivo de activación del equipo ("G-Switch") se encuentra alineado con la indicación del sentido de instalación de todo el equipo de la aeronave. Las cargas de desaceleración violentas aplicadas en ese sentido, serán las que harán activar al ELT.

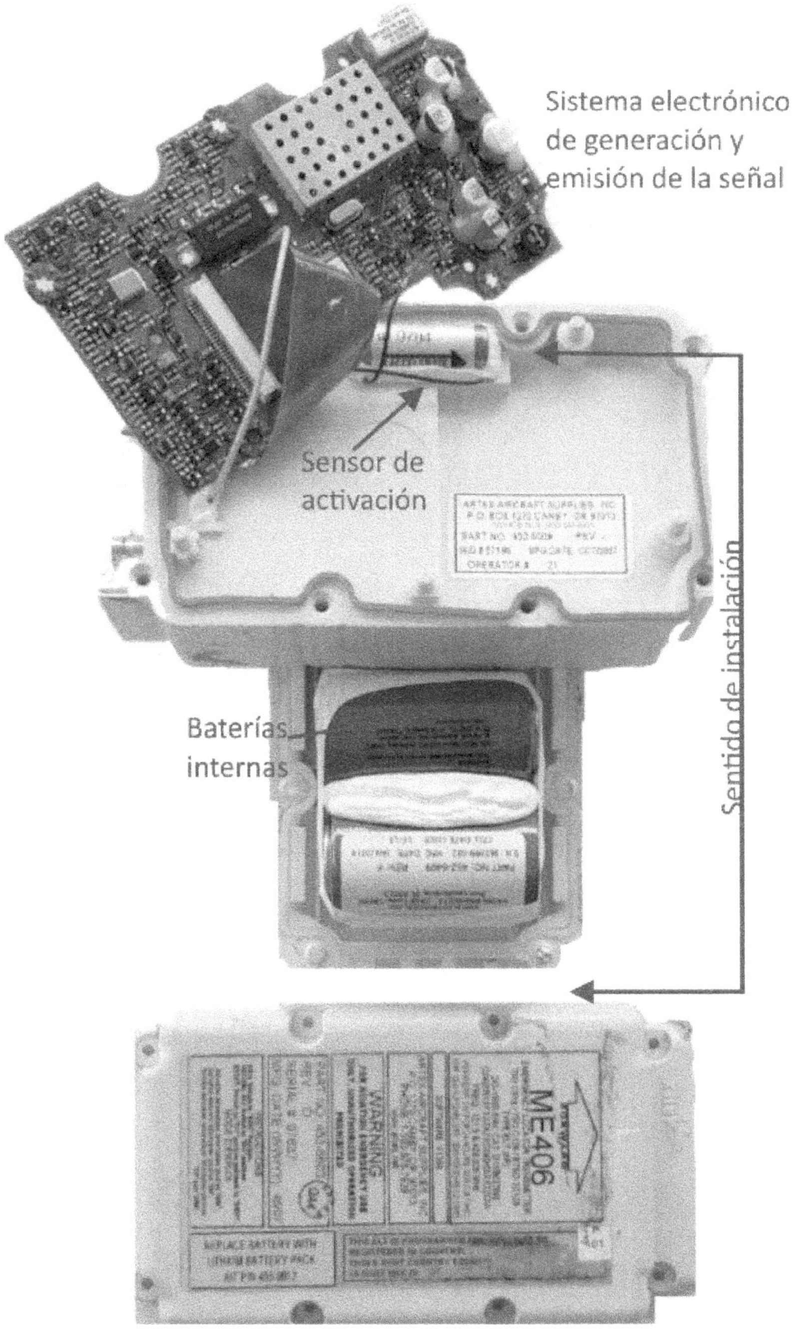
Sistema electrónico
de generación y
emisión de la señal
Sensor de
activación
Baterías
internas
Sentido de instalación
ME406
WARNING

Sistemas giroscópicos y de navegación inercial

Horizonte artificial

El horizonte artificial (o indicador de actitud), es uno de los instrumentos de vuelo esenciales. Este provee al piloto información de cabeceo y balanceo, que es especialmente importante cuando vuela sin referencias visuales externas. El indicador de actitud funciona con un giroscopio que gira en el plano horizontal. Por lo tanto, imita el horizonte real, a través de su rigidez en el espacio. A medida que la aeronave se balancea y gira en relación con el horizonte real, los gimbals del giroscopio, permiten que la aeronave y la carcasa del instrumento, se balanceen y giren alrededor del rotor del giroscopio que permanece paralelo al suelo. Una representación horizontal del avión en miniatura se fija a la carcasa del instrumento.

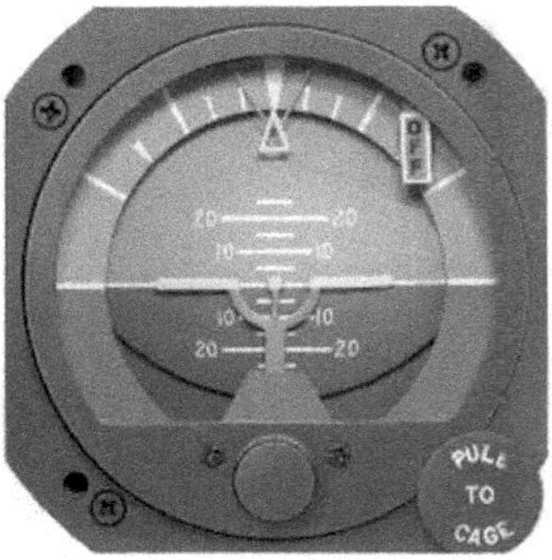

Una semiesfera pintada que simula el horizonte, el cielo y el suelo, está unida a los *gimbals* giroscópicos. El cielo y el suelo se encuentran en lo que se llama la barra del horizonte. La relación entre la barra del horizonte y el avión en miniatura, es la misma que la del avión y el horizonte real. Las escalas graduadas hacen referencia a los grados de cabeceo y balanceo. A menudo, una perilla de ajuste, permite a los pilotos de diferentes alturas, colocar la barra de horizonte en un nivel apropiado.

En un sistema giroscópico de actitud impulsado por vacío, el aire es aspirado a través de un filtro y luego a través del indicador de actitud, de una manera que hace girar el rotor del giroscopio en su interior. Se ha incorporado un mecanismo de montaje en el instrumento para ayudar a mantener el giro del rotor giroscópico en el plano previsto. La precesión causada por la fricción del rodamiento lo hace necesario. Después de que el aire se aplica al accionamiento alrededor del rotor, fluye desde el instrumento a la bomba de vacío, a través de cuatro puertos. Todos estos puertos expulsan la misma cantidad de aire, cuando el giroscopio gira en el plano. Cuando el giroscopio gira fuera del avión, el aire tiende a salir de un lado más que otro. Las aletas se cierran para evitar esto, lo que hace que salga más aire del lado opuesto. La fuerza de esta ventilación desigual del aire vuelve a montar el rotor giroscópico.

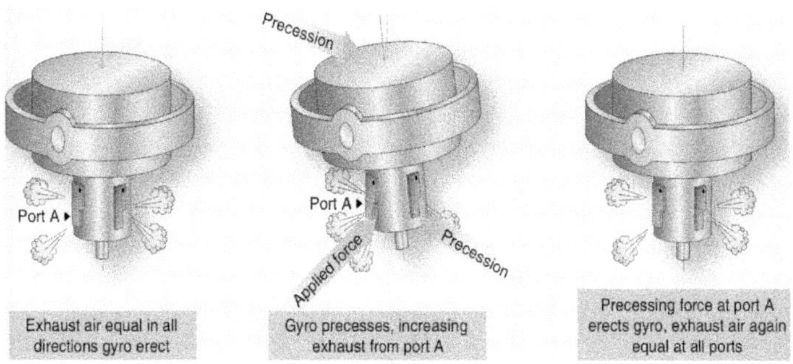

En la figura anterior se representa el sistema interno del horizonte artificial, donde se conjugan los principios giroscopios con la actuación de presión. Representación publicada en el documento de *Federal Aviation Administration FAA-H-8083-31 "Aviation Maintenance Technical Handbook-Airframe".*

Los primeros indicadores de actitud impulsados por el vacío, estaban limitados en cuanto a la distancia en que la aeronave podía inclinarse o rodar, antes de que los *gimbals* del giroscopio se detuvieran, causando una precesión abrupta y una caída del giroscopio.

Una bandera indica que el giroscopio debe estar enjaulado antes de su uso. Existen instrumentos giroscópicos más modernos para que no se caigan, independientemente del movimiento angular del avión sobre sus ejes.

Además del potencial de contaminación introducido por el sistema de impulsión de aire, existen otras deficiencias en el desempeño de los indicadores de actitud impulsados por vacío. Algunos son inducidos por el mecanismo de erección. Los álabes pendulares que se mueven para dirigir el flujo de aire fuera del giroscopio responden no solo a las fuerzas causadas por una desviación del plano de rotación previsto, sino que la fuerza centrífuga experimentada durante los giros también hace que los álabes permitan el transporte asimétrico del aire de vacío del giroscopio.

El resultado es una visualización inexacta de la actitud del avión, especialmente en derrapes y curvas pronunciadas. Además, la aceleración y desaceleración bruscas imponen fuerzas en el rotor giroscópico. Suspendido en sus gimbals, actúa de manera similar a un acelerómetro, lo que da como resultado una falsa indicación de nariz arriba o nariz abajo. Los pilotos deben aprender a reconocer estos errores y ajustarlos en consecuencia.

Considerando el mismo criterio que el expresado en el desarrollo del velocímetro frente a las aeronaves livianas o experimentales, también existen dispositivos de horizonte artificial de estado sólido, si bien no poseen la precisión de los equipos tradicionales; son efectivos para ese tipo de aeronaves.

Indicador de giro - ladeo

El indicador de giros o giro y deslizamiento, conocido habitualmente como "palo-bolita", es el instrumento utilizado para coordinar los virajes de la aeronave. El indicador de giro y deslizamiento, son en realidad, dos dispositivos separados, integrados en la misma carcasa del instrumento: un indicador de giro y un indicador de deslizamiento. El indicador de giro es operado por un giroscopio, que puede estar impulsado por una bomba de vacío, presión de aire o electricidad.

La bolita, es un dispositivo completamente independiente. Es un ágata redonda, o bola de acero, en un tubo de vidrio lleno de líquido humectante no viscoso. Se mueve en respuesta a la gravedad, y la fuerza centrífuga experimentada en un giro. El movimiento de la bolita en el líquido, funciona con el mismo principio que la burbuja de aire, en una herramienta de nivel utilizada en la industria de la construcción.

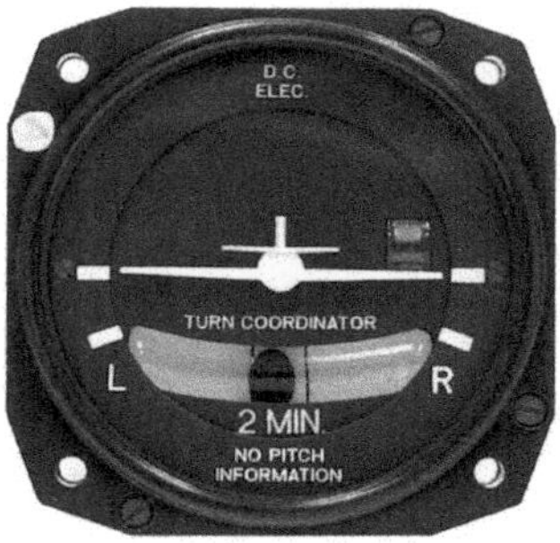

Los indicadores de giro reflejan la velocidad a la que gira el avión. Tres grados de giro por segundo, hacen que un avión gire 360 grados en 2 minutos. Esto se considera un viraje estándar. Esta velocidad se puede indicar con marcas a la derecha y a la izquierda del puntero o avión de referencia representado en el instrumento. A veces, no hay marcas presentes y el ancho del puntero se utiliza como dispositivo de calibración. En este caso, la desviación del ancho de un puntero desde la vertical es igual a la velocidad de giro estándar de 2 minutos de 3 ° por segundo. Los aviones más rápidos tienden a girar más lentamente y tienen graduaciones o etiquetas que indican giros de 4 minutos.

En otras palabras, el ancho o la alineación de un puntero con una marca de graduación en este instrumento indica que el avión está girando 1°1⁄2 por segundo y completa un giro de 360 ° en 4 minutos. Es habitual rotular la cara del instrumento con palabras que indican si se trata de un indicador de giro de 2 o 4 minutos.

El puntero de giro indica la velocidad a la que un avión gira sobre su eje vertical. Esto se logra en virtud de la precesión de un giroscopio para inclinar un puntero. El giroscopio gira en un plano vertical alineado con el eje longitudinal de la aeronave. Cuando el avión gira sobre su eje vertical durante un giro La fuerza experimentada por el girocompás giratorio se ejerce sobre el eje vertical. Debido a la precesión, la reacción del rotor del giroscopio es 90 ° más alrededor del giroscopio en la dirección de giro. Esto significa que la reacción a la fuerza alrededor del eje vertical es el movimiento alrededor del eje longitudinal de la aeronave.

El fenómeno antes descripto hace que la parte superior del rotor se incline hacia la izquierda o hacia la derecha. El puntero está unido con un enlace que hace que el puntero se desvíe en la dirección opuesta, que coincide con la dirección de giro. Entonces, el giro del avión alrededor del eje vertical se indica alrededor del eje longitudinal en el medidor. Esto es intuitivo para el piloto cuando se trata del instrumento, ya que el puntero indica en la misma dirección que el giro. La parte del indicador de deslizamiento (bolita) del instrumento es un inclinómetro. La bolita responde solo a la gravedad durante el vuelo coordinado en línea recta y nivelada. Por lo tanto, descansa en la parte más baja del vidrio curvado entre los cables de referencia.

Cuando se inicia un giro y el avión está inclinado, tanto la gravedad como la fuerza centrífuga del giro actúan sobre la pelota. Si se coordina el giro, la pelota permanece en su lugar. Si existiera un giro deslizante, la fuerza centrífuga excede la fuerza de gravedad sobre la bola y se mueve en la dirección del exterior del giro. Durante un giro deslizante, hay más inclinación de la necesaria y la gravedad es mayor que la fuerza centrífuga que actúa sobre la bolita. La pelota se mueve en el vidrio curvo hacia el interior del giro. Como se mencionó anteriormente, a menudo la energía para el giroscopio indicador de giro y deslizamiento es eléctrica si los indicadores de actitud y dirección funcionan con vacío. Esto permite un funcionamiento limitado sin batería si el sistema de vacío y el generador eléctrico fallan. La información direccional y de actitud del indicador de giro y deslizamiento, combinada con la información de los instrumentos estáticos de pitot, permiten una operación de emergencia continua y segura del avión.

INS - Inertial Navigation System e IRS - Inertial Reference System

Un INS / IRS es un sistema autónomo que no requiere señales de radio de entrada desde una instalación o transmisor de navegación terrestre. El sistema deriva información de actitud, velocidad y dirección a partir de la medición de las aceleraciones de la aeronave dado un punto de partida conocido; apoyado en muchos casos a través de sistemas giroscópicos. La ubicación de la aeronave se actualiza continuamente a través de cálculos basados en las fuerzas experimentadas por los acelerómetros INS. Se utiliza un mínimo de dos acelerómetros, uno referido al norte y el otro al este. En unidades más antiguas, se montan en una plataforma estabilizada por giro. Esto evita la introducción de errores que pueden resultar de la aceleración debida a la gravedad. Un INS utiliza cálculos complejos realizados por una computadora INS para convertir las fuerzas aplicadas en información de ubicación. Se utiliza un

cabezal de control de interfaz para ingresar datos de posición de ubicación inicial mientras la aeronave está estacionaria en tierra. Esto se llama inicialización.

A partir de ese momento, los acelerómetros integrados detectan todo el movimiento del avión y lo atraviesan por la computadora. Los bucles de retroalimentación y corrección se utilizan para corregir el error acumulado a medida que avanza el tiempo de vuelo. La cantidad que un INS está apagado en una hora de tiempo de vuelo es un punto de referencia para determinar el rendimiento. Es posible un error acumulado de menos de una milla después de una hora de vuelo. El ajuste continuo y preciso de la plataforma estabilizada por giro para mantenerla paralela a la superficie terrestre es un requisito clave para reducir el error acumulado. Se utiliza un sistema de coordenadas de latitud / longitud al proporcionar la salida de ubicación.

El INS está integrado en el sistema de gestión de vuelo de un avión y en el sistema de piloto automático. El sistema prevé ingresar puntos de ruta para una ruta de vuelo predeterminada y el INS guiará la aeronave a cada punto de ruta sucesivamente. La integración con otras ayudas a la navegación también es posible para garantizar una corrección continua y una precisión mejorada, pero no es necesaria.

Los sistemas INS modernos se conocen como IRS. Son unidades completamente en estado sólido sin partes móviles. Los giroscopios láser de tres anillos reemplazan a los giroscopios mecánicos en los sistemas de plataforma INS más antiguos. Esto elimina la precesión y otras deficiencias mecánicas del giroscopio. El uso de tres acelerómetros de estado sólido, uno para cada plano de movimiento, también aumenta la precisión. La salida del acelerómetro y el giroscopio se ingresan a la computadora para el cálculo continuo de la posición del avión.

Capítulo 3

Sistema de Vuelo Automático y MEL

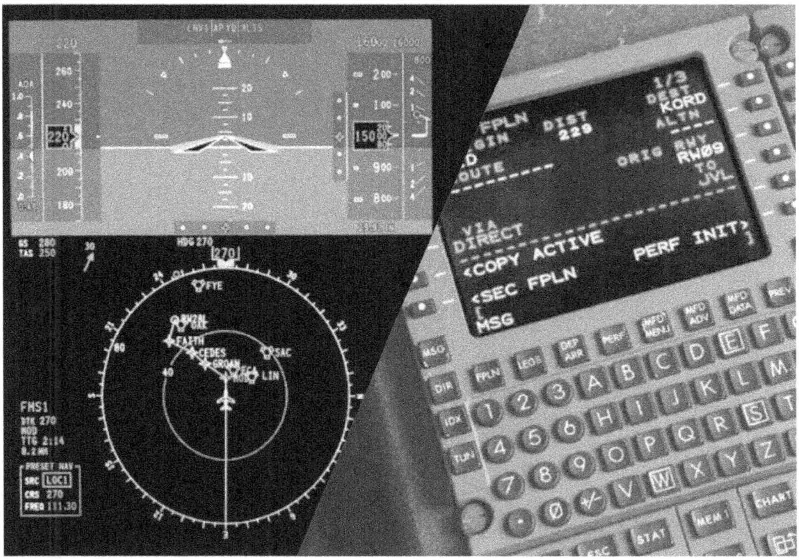

Aviation Bookstore
aviation step by step

Aviation Bookstore

aviation step by step

Generalidades del piloto automático

El sistema de piloto automático es la herramienta principal de gestión de la operación con que cuenta la tripulación. Se trata de un sistema que integra la funcionalidad de todos los restantes sistemas de la aeronave, incluso del sistema propulsado (dependiendo del tipo de avión y su configuración). Existen dos tipos de sistemas: los analógicos y los digitales. Los analógicos son los conjuntos de autopiloto simple, conjunciones básicas, instalados en aeronaves livianas. Los sistemas digitales son los más complejos y completos en cuanto su funcionalidad, que equipan aeronaves de transporte o de mayor performance.

En los sistemas de autopiloto digitales de aeronaves de transporte, el software, que está integrado con los sistemas de navegación, es capaz de proporcionar el control de la aeronave en cada fase del vuelo. Si se instala un sistema empuje automático, el empuje apropiado puede establecerse automáticamente durante el despegue, y luego se ajusta automáticamente a medida que avanza el ascenso, mientras el avión sube a la velocidad adecuada para su masa y condiciones ambientales. La aeronave se nivela a la altitud requerida o al nivel de vuelo, mientras se ajusta la potencia para lograr mantener la velocidad programada. Al mismo tiempo, el avión sigue la ruta del plan de vuelo. Si no se instala un acelerador automático, el piloto debe hacer todos los ajustes de potencia apropiados para el modo de piloto automático y la fase de vuelo.

Durante la fase de descenso, el empuje se ajusta y la aeronave desciende a la velocidad adecuada y en la senda de aproximación requerida, nivelando según sea necesario de acuerdo con la autorización de vuelo, hasta que comience la aproximación. Si se trata de un procedimiento instrumental (ILS) de Categoría III con *Autoland*, el piloto automático controla la ruta de vuelo de la aeronave para que siga la ruta de planeo y el localizador ILS, ajustando el empuje para mantener la velocidad adecuada y comenzando la aproximación según sea necesario para lograr un aterrizaje seguro, sin que la pista sea visible hasta la etapa final de la aproximación. En algunos aviones, el piloto automático puede guiar el avión para que mantenga la línea central de la pista hasta que se detenga.

En cualquier etapa del vuelo, el piloto puede intervenir haciendo las entradas de información o requerimientos operacionales apropiados, al piloto automático o al FMS. En el caso que ocurriese una emergencia, el piloto puede desconectar el sistema y hacerse cargo del control de modo manual. Las aeronaves modernas tienen otro interruptor, o posición del acelerador, que permite al piloto cambiar instantáneamente del modo de aproximación al modo de aproximación frustrada si es necesario. Si la aeronave no está equipada con una función de aproximación frustrada automática, los pilotos deben desconectar el piloto automático y volar manualmente el procedimiento. Más allá del tipo de sistema, el piloto automático posee una arquitectura de base muy sencilla, a la que luego, se le adicionan funciones y sistemas de control. En el siguiente gráfico se observa un esquema general de los tres procesos utilizados por el equipo:

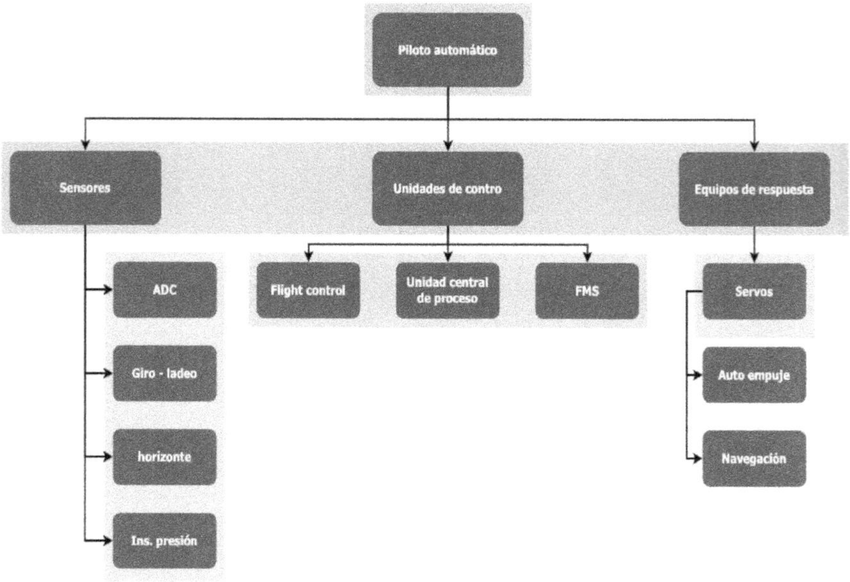

La lógica de funcionamiento del piloto automático de cualquier aeronave, responde a las generales del principio de trabajo de todos los sistemas de a bordo. Es decir, traslada energía (o información) de un punto a otro de la aeronave, para generar una respuesta de control necesaria, de acuerdo con una condición, maniobra o fase de vuelo. En el siguiente gráfico se observa el principio de modo sencillo y resumido.

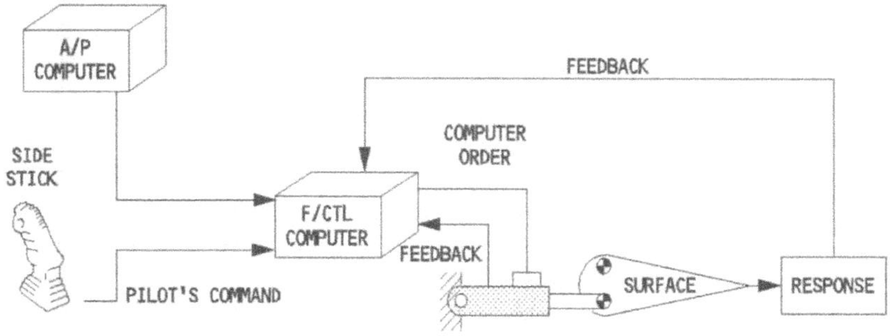

En el esquema de la figura anterior se encuentra representada la lógica de funcionamiento del piloto automático (sistema de vuelo automatizado), con respecto a las superficies de comando aerodinámico del fabricante Airbus, el que es aplicado a todas las líneas de productos: familia A320, familia A330, A340 y el nuevo A350. La misma lógica, con las obvias variantes de performances y funciones, se aplica en cualquier otra aeronave equipada con sistema de piloto automático.

Sensores y elementos de medición

Los equipos que brindan la información dirección y actitud de la aeronave: los giros direccionales, el coordinador de giro y un control de altitud son los elementos de detección del piloto automático. Estas unidades perciben los movimientos de la aeronave. Generan señales eléctricas que son utilizadas por el piloto automático para tomar automáticamente la acción correctiva necesaria para mantener el avión volando como se esperaba. Los giroscopios de detección se pueden ubicar en los instrumentos montados en la cabina. También se pueden montar de forma remota. Los sensores giroscópicos remotos controlan las pantallas del servo en el panel de la cabina y proporcionan las señales de entrada a la computadora del piloto automático.

Los pilotos automáticos digitales modernos pueden usar una variedad de sensores diferentes. Existen numerosos sensores de entrada pueden ubicarse dentro de la misma unidad o en unidades separadas que transfieren información a través del bus de datos digital. La información de navegación también se integra a través de una conexión de bus de datos digitales a computadoras de aviónica.

En aeronaves de mayores prestaciones, el sistema Air Data Computer (ADC) proporciona la información relacionada con todos los instrumentos de presión, encargados de cuantificar: velocidad, altitud, actitud y régimen de descenso o ascenso.

Unidades de control

Según la tecnología del piloto automático, la unidad maestra de control del conjunto puede ser analógica o digital. Actualmente, la gran mayoría son digitales de estado sólido. La función del procesador central es interpretar los datos del elemento sensor, integrar comandos y entradas de navegación, y enviar señales a los elementos de salida para mover los controles de vuelo según sea necesario para controlar el avión.

En general, todos los computadores centrales se encuentran equipados con un amplificador para fortalecer la señal para el procesamiento, si es necesario, y para el uso de los dispositivos de salida, como los servomotores. El amplificador y los circuitos asociados son la computadora de un sistema de piloto automático analógico. La información se maneja en canales correspondientes al eje de control para el que están destinadas las señales (es decir, canal de paso, canal de balanceo o canal de guiñada). Los sistemas digitales utilizan tecnología informática de microprocesador de estado sólido y, por lo general, solo amplifican las señales enviadas a los elementos de salida.

Equipos de respuesta

Los elementos de respuesta del piloto automático son los servos actuadores que comandan la activación y movimiento de las superficies de control aerodinámico de vuelo. Son dispositivos independientes para cada uno de los canales de control que se integran en el sistema de control de vuelo regular. Los diseños de servos de piloto automático varían ampliamente dependiendo del método de actuación de los controles de vuelo. Los sistemas analógicos más antiguos, accionados por cable suelen utilizar servomotores eléctricos o servos electroneumáticos; mientras que los sistemas de control de vuelo accionados hidráulicamente utilizan servos de piloto automático electrohidráulico.

Las aeronaves equipadas con sistemas digitales de vuelo por cable utilizan los mismos actuadores para realizar maniobras manuales y de piloto automático. Cuando se activa el piloto automático, los actuadores responden a los comandos del piloto automático y no exclusivamente del piloto. En cualquier caso, los servos de piloto automático deben permitir el movimiento sin obstáculos de la superficie de control cuando el piloto automático no está funcionando.

Las aeronaves con superficies de control accionadas por cable utilizan dos tipos básicos de servos accionados por motor eléctrico. En uno, un motor está conectado al eje de salida del servo a través de engranajes reductores. El motor arranca, se detiene e invierte la dirección en respuesta a los comandos de la computadora del piloto automático.

El otro tipo de servo eléctrico utiliza un motor en funcionamiento constante dirigido al eje de salida a través de dos embragues magnéticos. Los embragues están dispuestos de manera que energizar un embrague transmite el torque del motor para girar el eje de salida en una dirección; energizar el otro embrague gira el eje en la dirección opuesta. Los servos electroneumáticos también se pueden utilizar para controlar los controles de vuelo por cable en algunos sistemas de piloto automático. Son controlados por señales eléctricas del amplificador de piloto automático y accionados por una fuente de presión de aire adecuada. La fuente puede ser una bomba de sistema de vacío o un motor de turbina de purga de aire. Cada servo consiste en un conjunto de válvula electromagnética y un conjunto de enlace de salida.

Las aeronaves con sistemas de control de vuelo accionados hidráulicamente tienen servos de piloto automático que son electrohidráulicos. Son válvulas de control que dirigen la presión del fluido según sea necesario para mover las superficies de control a través de los actuadores de la superficie de control. Están alimentados por señales de la computadora del piloto automático. Cuando el piloto automático no está activado, los servos permiten que el fluido hidráulico fluya sin restricciones en el sistema de control de vuelo para un funcionamiento normal. Las servo válvulas pueden incorporar transductores de retroalimentación para actualizar el piloto automático del progreso durante la corrección de errores.

Control del piloto automático

Las funciones del autopiloto, de modo independiente a que la cantidad de utilidades asociadas posea, se realiza a través del panel de control de modos o Mode Control Panel (MCP). Los controles del selector de modo se utilizan para elegir los modos de rolido y cabeceo para los pilotos automáticos y para activar o desactivar los aceleradores automáticos donde estén instalados. Se pueden ingresar entradas básicas como rumbo, velocidad, velocidad vertical, nivel o altitud de vuelo. Una vez que estos modos han sido seleccionados como activos, las computadoras de la aeronave ajustarán la actitud de cabeceo, rumbo y empuje para lograr los parámetros seleccionados. El uso de estos modos no requiere necesariamente que se ingrese un perfil vertical o lateral en el FMS.

El MCP se puede usar para indicarle al piloto automático que mantenga una altitud específica, cambie las altitudes a una velocidad específica, mantenga un rumbo específico, gire a un nuevo rumbo, siga las instrucciones de una computadora de administración de vuelo (FMC) y pronto. El MCP es en realidad independiente del piloto automático: simplemente establece el modo en que funciona el piloto automático, pero el piloto automático en sí (por ejemplo, un AFDS) es un sistema de aeronave separado. El MCP a menudo interactúa con el AFDS o el piloto automático y la FMC.

Los MCP a menudo se ubican en el panel superior, próximo al parabrisas. Se trata de un pequeño panel que sobresale del panel de instrumentos principal de la aeronave. En la imagen que se ve a continuación, se muestra el MCP de un Boeing 737-800.

A contraposición del panel de control del piloto automático del Boeing 737-800 y todas sus funciones de control automático, a continuación, se observa el sistema de control de piloto automático de una aeronave bimotor construida a finales de la década del 70: el Mitsubishi MU-2. Si bien se trata de un equipo electrónico analógico, cuenta con funciones de control de vuelo (rolido, actitud y guiñada), control de velocidad aerodinámica y funciones básicas para la navegación.

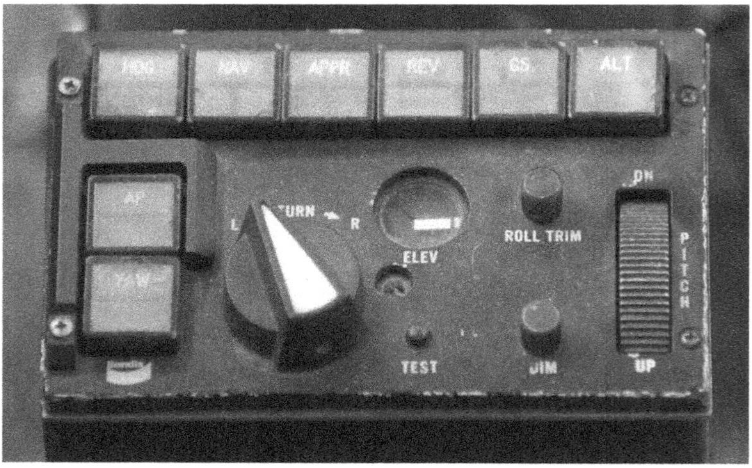

Panel de control del piloto automático del Mitsubishi MU-2.

Retomando las funciones del piloto automático, también debe considerarse que esos sistemas poseen limitaciones. Esas limitaciones no solo tienen que ver con las propias funciones del sistema; sino también, con el tipo de aeronave y las performances.

En figura anteriores se mostró la cabina de vuelo del Boeing 777, donde se aprecia el panel de control del autopiloto. Este tipo de aeronaves poseen sistemas de control autónomos que permiten realizar todo tipo de maniobras, en las distintas fases de vuelo, de modo automático. Sin embargo, existen restricciones que no solo tienen que ver con las capacidades técnicas, sino también con el contexto operacional.

En virtud de ello, a continuación, se exponen las limitaciones del sistema de piloto automático del Boeing 777-300 establecidas en el Manual de Operaciones de la Tripulación (FCOM Boeing 777-300):

- El piloto automático no puede ser conectado por debajo de los 1000 pies de radioaltimetro, luego del despegue.
- En las aproximaciones de no precisión: el AP debe ser desconectado cuando la aeronave se encuentre 50 pies por debajo de la altitud de decisión; a menos que esté conectado el modo "go-arround".
- En las aproximaciones ILS categoría III y las aproximaciones y aterrizaje en modo autónomo, no está aprobado el uso de flps en 25°
- Si se está realizando una maniobra de autoland, y esta no es anunciado automáticamente, el AP deberá ser desconectado 200 pies AGL

En los casos donde el AP se utilice completamente en modo automático para el aterrizaje, deberá considerarse que las limitaciones de viento para la maniobra son:

- Viento de cola: 15 nudos
- Viento cruzado: 25 nudos
- El máximo ángulo de del glideslope de la senda ILS es de 3,25°
- El mínimo ángulo del glideslope de la senda ILS es de 2,5°

- No se encuentra certificada ninguna condición de aterrizaje con peso por encima del MLW

Sistema de gestión del vuelo

El Flight Management System (FMS) o sistema integrado de gestión del vuelo, está compuesto por una computadora o procesador central de información relacionada con la navegación, performances, datos operacionales, etc; diseñada con el propósito de proporcionar e intercambiar datos con otros sistemas de la aeronave. Toda la información se encuentra disponible y controlable por parte de los pilotos, en todas las fases del vuelo.

Imagen del sistema FMS Rockwell Collins utilizado en la gran mayoría de las aeronaves de transporte.

El FMS está compuesta por cuatro componentes principales:

- La computadora de gestión del vuelo o Flight Management Computer (FMC)
- El sistema de control automático de vuelo o sistema de guía autónoma del vuelo (AFCS)
- El sistema y bases de datos de navegación y cartas.
- El sistema de instrumentos de vuelo electrónicos o Electronic Flight Instrument (EFIS) o equivalente, según el tipo de aeronave.

El FMC es un sistema informático que utiliza una gran base de datos para programar las navegaciones y alimentar a los restantes sistemas, por medio de la computadora central del proceso. El sistema se actualiza constantemente con la posición de la aeronave por referencia a las ayudas de navegación disponibles. Las ayudas más apropiadas se seleccionan automáticamente durante la actualización de la información.

El AFCS recibe información del sensor de otros sistemas de la aeronaves. Dependiendo de si la aeronave está comandada por el piloto automático o control manual, las selecciones de modo AFCS hechas por la tripulación, moverán y controlarán automáticamente las superficies de control de vuelo de la aeronave, o mostrarán los comandos del director de vuelo para que el piloto los siga para alcanzar el estado deseado.

El sistema de navegación está compuesto por un paquete integrado de información, que calcula continuamente la posición de la aeronave. Puede incluir entradas del sistema de referencia inercial (IRS) y del sistema de posicionamiento global (GPS), además de receptores para ayudas terrestres. En el caso de un EFIS, la visualización de estas entradas de navegación, se basa en el sistema de referencia de actitud y rumbo (AHRS). La visualización del estado de la aeronave se proporciona en instrumentación EFIS o convencional, y es donde el efecto del control de la aeronave FMS es principalmente visible.

Un FMS estándar utilizado, en la aviación de transporte y aviación ejecutiva, posee la siguiente información, para la planificación del vuelo, las aproximaciones, salidas normalizadas, operaciones terrestres, etc:

- Cartas de navegación y aerovías en ruta. Navegación PBN.
- Cartas SID/STAR y cartas de aproximación
- Frecuencias de comunicación y radioayudas
- Información de aeropuertos y procedimientos de operación en tierra

Las FMS utilizan habitualmente dos FMC que funcionan de modo independiente. Sin embargo, hacen diafonía a través de los buses de datos. En operación normal, el piloto y el copiloto dividen la carga de trabajo, con la CDU del piloto configurada para supervisar e interactuar con los parámetros operativos y la CDU del copiloto manejando las tareas de navegación. Esto es opcional a discreción de la tripulación de vuelo. En caso que se presente una falla en un componente principal (por ejemplo, un FMC o una CDU), las unidades operativas restantes continúan operando con control total y sin comprometer el sistema.

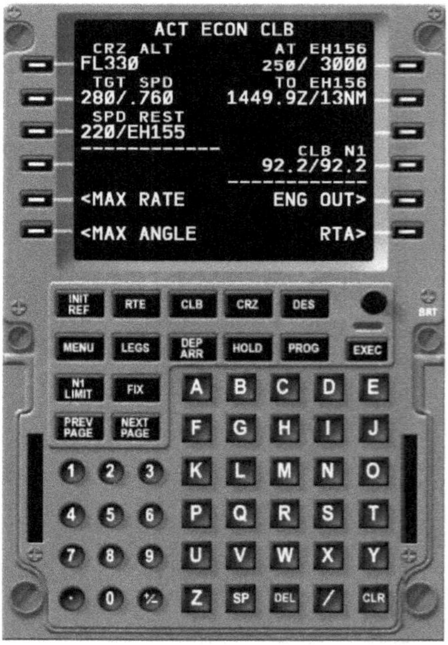

Cada vuelo de una aeronave tiene variables de vuelo, que se mantienen manipulando el motor y los controles aerodinámicos (ya en vuelo manual o automático). Al hacerlo, numerosas opciones están disponibles para el piloto. La velocidad de ascenso, la configuración de empuje, los niveles N1, la velocidad aerodinámica, las velocidades de descenso y otros términos pueden variar. Las compañías aéreas comerciales utilizan el FMC para establecer pautas por las cuales pueden volar vuelos.

Por lo general, estos promueven los objetivos de la compañía para la conservación de combustible y equipos. La tripulación solo necesita ingresar variables según lo solicitado y responder a las alternativas sugeridas cuando el FMC las presente.

El FMC monitorea continuamente todos sus sistemas y entradas para detectar fallas durante la operación. El personal de mantenimiento puede recuperar mensajes de falla generados por el sistema y grabados por el piloto. También pueden acceder a páginas de mantenimiento que señalan unidades reemplazables de línea (LRU) a las cuales el sistema BITE ha rastreado fallas.

En el código QR que se muestra a la derecha se encuentra disponible un video explicativo (en idioma inglés) sobre el uso y características del FMS.

El vuelo automático

En la aviación de transporte actual es una normalidad pensar en el vuelo automático, donde la aeronave es capaz de gestionar las variables de navegación, empuje de motores, parámetros de vuelo, actuaciones del avión, aproximación instrumental, aterrizaje automático y frenado autónomo. Desde aproximadamente dos décadas atrás, esta normalidad es parte del vuelo comercial habitual; una realidad que fue gestándose de la mano de los grandes fabricantes: Airbus y Boeing.

Con el objetivo de llevar de modo ameno un conjunto de sistemas tan complejo, se desarrollará el concepto de vuelo automático referenciados a un Airbus A320. El A320 es una aeronave de transporte de cabina angosta, desarrollado por el fabricante Airbus. El primer A320 de la "Familia A320" realizó su primer vuelo en marzo de 1984 y a la fecha lleva más de 5000 aeronaves construidas en cinco variantes principales: A320, A319, A318, A321 y A320 NEO. El A320 fue el primer avión de trasporte equipado íntegramente con sistemas de mandos de vuelo electrónicos en su totalidad; es decir, fue el primer full *fly-by-wire* completo. Este sistema de mandos y control permite relacionar digitalmente todos los controles con los sistemas de automatización de la aeronave.

Además, el A320 fue el primero en estar certificado para operar solo con dos pilotos e incluir sistemas digitales de monitorización de motores y sistemas de a bordo en tiempo real. Todas estas variables hicieron posible la implementación del vuelo completamente automático, que a continuación se desarrollará. El concepto general del vuelo automático está plasmado en una arquitectura de sistema muy simple desde el punto de vista teórico. En el siguiente esquema se observan los elementos fundamentales que intervienen en el sistema.

En la práctica y particularmente en la aeronave que se tomó como referencia para el ejemplo práctico, la arquitectura del sistema de vuelo automático queda conformada del siguiente modo:

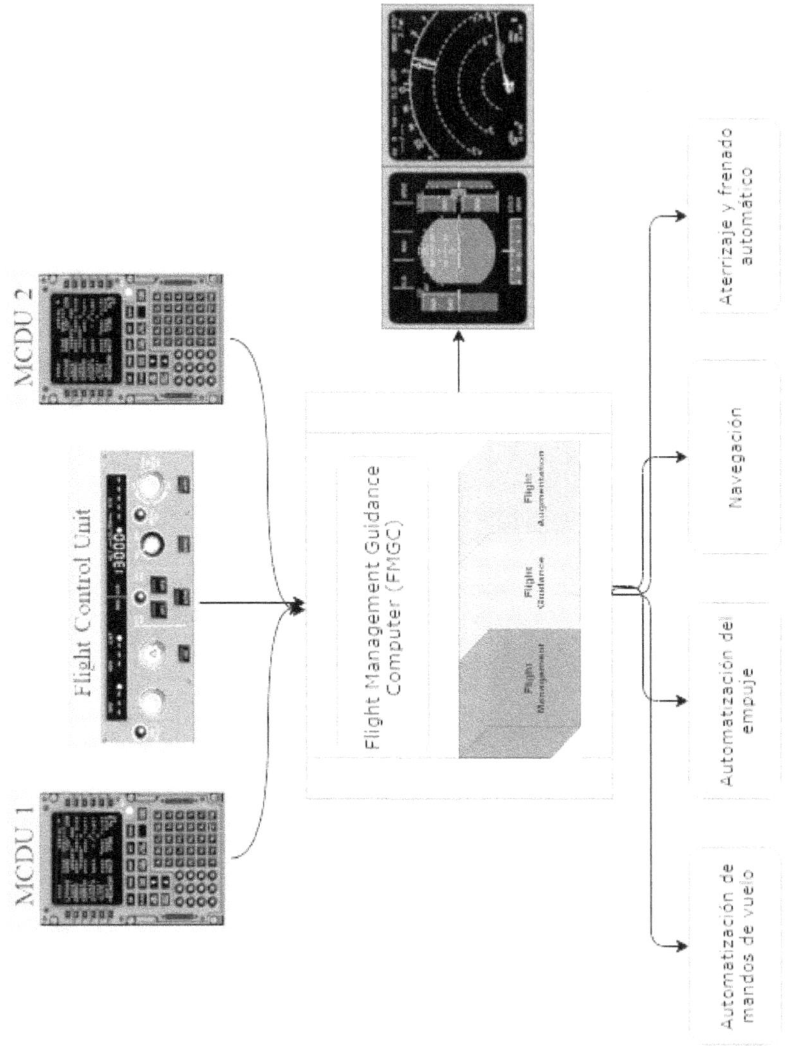

Arquitectura del sistema de automatización de vuelo del Airbus A320.

Para comprender el gráfico y flujo de trabajo del sistema de automatización, primero debe aclararse de que se trata cada una de las unidades o sub sistemas mencionados. La *Multiporpose Control and Display Unit – MCDU*, no es ni más ni menos que la unidad FMS que fue descripta en los párrafos anteriores y es el dispositivo encargado de introducir al sistema todos los datos y requerimientos de vuelo impuestos por la tripulación.

La unidad *Flight Control Unit – FCU*, es la encargada de recibir y gestionar los requerimientos para el mando del vuelo. Es decir, es el dispositivo que comanda las actitudes de rolido, cabeceo y guiñada, el control de altitud, actitud, velocidad y rumbo. Además de controlar la activación del sistema de automatización de empuje, modo de funcionamiento del piloto automático, frecuencias de radioayudas y frecuencias de comunicación.

Panel completo FCU del Airbus A320.

La FCU está diseñada de modo tal que la tripulación pueda controlar todas las funciones básicas de vuelo de la aeronave a través de este panel.

El "cerebro" encargado de procesar la información proveniente de la FCU, las MCDU y todo el conjunto de sensores de la aeronave es *Flight Management Guidance Computer – FMCG*. Esta unidad recibe los imputs, los confronta entre si la información y genera las respuestas necesarias para el control automático de la aeronave.

La parte de gestión de vuelo del FMGC contiene una base de datos de navegación que proporciona auto ajuste automático, cálculo de posición, comprobaciones de precisión de navegación y planificación de vuelo a través de la MCDU. También contiene una base de datos de rendimiento que proporciona predicciones de combustible, tiempo, distancia, velocidad y altitud. Además, la base de datos de rendimiento determina el perfil de vuelo óptimo en relación con la velocidad, el nivel de vuelo y la parte superior del descenso.

Cada FMGC está vinculado a su propio panel de control MCDU, RMP y EFIS. Después de ingresar el plan de vuelo y otros datos de rendimiento requeridos en la MCDU, el FMGS genera los perfiles de ascenso y descenso para la salida y la llegada, proporciona orientación automática de la aeronave y calcula el progreso actual y previsto a lo largo del plan de vuelo. El FMGC tiene tres modos de operación, de acuerdo con el siguiente detalle:

Modo dual (*dual mode*): el modo normal de operación es el modo dual. Cada FMGC realiza sus propios cálculos de velocidad aérea, posición de la aeronave, etc., e intercambia datos con el otro FMGC a través de un bus de conversación cruzada. Un FMGC es el principal o maestro y el otro es el esclavo. Las entradas en cualquiera de las MCDU se transmiten a ambos FMGC. La mayoría de la información se intercambia entre ambos FMGC para la comparación cruzada y la validación. Las siguientes condiciones existen durante el modo normal de operación:

- Si se selecciona ACTIVADO un botón de piloto automático, el FMGC asociado es el principal o maestro
- Si ambos botones de piloto automático se seleccionan ENCENDIDO, FMGC 1 es el maestro

- Si ninguno de los botones del piloto automático está seleccionado ENCENDIDO:
    - FMGC 1 es el maestro cada vez que se selecciona el botón de director de vuelo del Capitán ENCENDIDO
    - FMGC 2 es el maestro cuando el botón del director de vuelo del primer oficial está activado y el botón del director de vuelo del capitán está desactivado
    - FMGC 1 es el maestro cuando se seleccionan ambos botones del director de vuelo APAGADO

Modo independiente: los FMGC se degradan automáticamente al modo independiente en condiciones anormales específicas. Cada FMGC continúa haciendo sus propios cálculos de velocidad aérea, posición, etc., pero los dos FMGC ya no intercambian datos entre sí a través del bus de conversación cruzada. Por lo tanto, no hay coordinación o validación de datos y se recomienda realizar una verificación cruzada con datos sin procesar.

Cada MCDU se comunica solo con su FMGC en el exterior, y cada FMGC controla solo sus pantallas y radios en el exterior. Cuando esto ocurre, aparece el mensaje "operación independiente" en el bloc de notas de MCDU.

Para mantener los FMGC sincronizados, los pilotos deben realizar las mismas entradas en ambas MCDU. Esto garantiza que tanto los pilotos automáticos como los directores de vuelo muestren órdenes similares.

Modo único o simple: el modo único se utiliza en caso de una falla en la FMGC. Las entradas en cualquiera de las MCDU se transfieren al FMGC operativo, y el mensaje OPP FMGC IN PROCESS aparece en el MCDU. En el modo individual, ambos ND deben configurarse en el mismo modo y rango o aparecerá un mensaje SET OFFSIDE RNG / MODE en el ND.

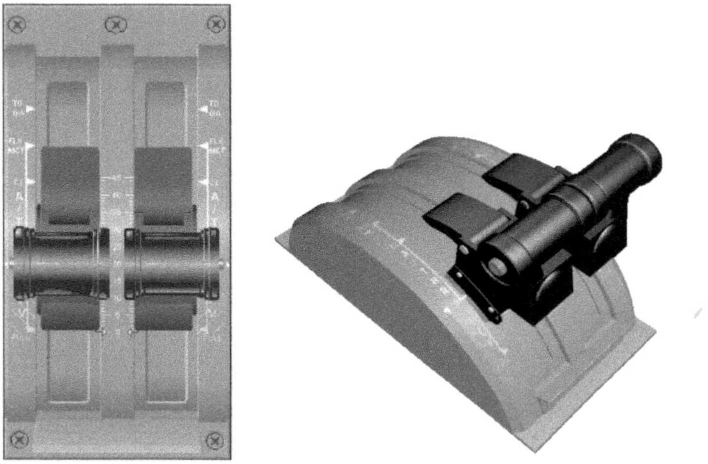

Vista superior y lateral del pedestal de mandos de motor.

Con respecto al sistema de control del empuje de modo autónomo, cabe señalar que posee dos modos lógicos de funcionamiento. Los dos modos son: modo velocidad (*speed mode*) y modo empuje (THR mode). Las características de ambos son:

- Speed mode: controla el empuje de los motores ajustándolos de acuerdo con un límite u objetivo de operación. Por ejemplo: velocidad óptima para la aproximación, velocidad ideal de crucero, etc.

- THR mode: es el modo que regula y controla el funcionamiento del motor para mantener el empuje constante, en "posiciones" fijas conocidas. Por ejemplo, es el modo utilizado para mantener el empuje en idle (ralentí), empuje máximo de ascenso, empuje máximo continuo, etc.

El modo de funcionamiento del autoempuje dependerá, como se ha visto, de la maniobra, fase de vuelo y demás variables que evalúe la tripulación junto con el Manual de Vuelo de la Aeronave (AFM).

Listado de equipamiento mínimo a bordo (MEL)

Concepto de aeronavegabilidad

Según lo establece el Anexo 8 "Aeronavegabilidad" al Convenio de Aviación Civil Internacional (Chicago/44) la aeronavegabilidad es la condición legal y técnica que una aeronave (o producto aeronáutico) debe reunir, de acuerdo con su diseño, tipo para realizar un vuelo de modo seguro. En función de ello, una aeronave puede obtener un Certificado de Aeronavegabilidad cuando la autoridad aeronáutica determina que la aeronave fue fabricada de acuerdo con su Diseño Tipo a través de un sistema de producción validado, respeta un plan de mantenimiento preventivo y restaurativo y es operada de acuerdo con las especificaciones y limitaciones expresadas en su Certificado Tipo.

Cada uno de los Estados miembros de la OACI es responsable de otorgar los Certificados de Aeronavegabilidad, sin embargo, es importante destacar que el responsable del mantenimiento de la condición de aeronavegable de cada aeronave es el propietario u operador de cada una de ellas. El explotador de una aeronave es quién debe llevar adelante el plan de mantenimiento preventivo y restaurativo tendientes a darle continuidad a la validez del Certificado de Aeronavegabilidad que fuera otorgado oportunamente.

Para tomar un ejemplo práctico, la República Argentina tiene establecido en la RAAC 91 Reglas de vuelo, párrafo 91.1105 que la responsabilidad de la aeronavegabilidad es del explotador y debe asegurar que:

- La aeronave y sus componentes se mantengan aeronavegable.
- Se corrija cualquier defecto o falla que afecte la aeronavegabilidad.
- El mantenimiento sea llevado a cabo de acuerdo con lo establecido en las restantes reglamentaciones oficiales (OACI Anexo 8, RAAC 43, etc.).
- El equipo operacional y de emergencia está instalado a bordo en todo momento.
- Cuando la lista de discrepancias de acuerdo con la MEL apropiada incluya instrumentos o equipos inoperativos, se coloque en ellos la leyenda "NO OPERATIVO".

En virtud de ello y considerando que el piloto es el responsable final de llevar a cabo la verificación de la aeronave, previo a realizar un vuelo; es importante recordar lo que establece la misma RAAC 91 en su párrafo 91.120: "*...El piloto al mando de la aeronave, manipule o no los mandos, es responsable de que la operación, seguridad operacional y protección de la aeronave, así como de la seguridad de todos los miembros de la tripulación, los pasajeros y la carga que se encuentre abordo, así como del cumplimiento de las reglas de vuelo, que podrá dejar de seguirlas en circunstancias que hagan tal incumplimiento absolutamente necesario por razones de seguridad...*".

Entonces... frente a una dificultad técnica conocida previa al vuelo y considerando que el operador es el responsable de la aeronavegabilidad; y que esa responsabilidad es transferida al Comandante o Capitán de cada vuelo o aeronave, este último es el que tiene la facultad de decidir si el inicio del vuelo puede realizarse de modo seguro.

Para ello, los pilotos necesitan de un documento, un aval técnico que sirva de herramienta para tomar la decisión de iniciar o no el vuelo ante la presencia de una falla conocida. Esa herramienta es el Listado de Equipamiento Mínimo a Bordo o MEL, por su acrónimo en inglés.

(1) SYSTEMS AND SEQUENCE NUMBERS **ITEM**	(2) RECTIFICATION INTERVAL	(3) NUMBER INSTALLED	(4) NUMBER REQUIRED FOR DISPATCH	(5) REMARKS OR EXCEPTIONS **DISPATCH CONDITIONS.**
ATA-number-ref Equipment Consequences: (possibly and for information purposes only)	RI	X	Y	Different conditions may be required for operations: - when they have a cumulative effect; they are indicated as follows: **a), b), c) ....** - When they are exclusive, they are listed as follows: **- or - or - ...**

Esquema básico de una MEL.

¿Qué es una MEL?

La lista de equipamiento mínimo a bordo (*Minimum Equipment List – MEL*) es un documento elaborado por parte de cada operador certificado en base a la lista completa de referencia (*Master Minimum Equipment List – MMEL*) que elabora el fabricante de cada aeronave durante el proceso de diseño y certificación.

Es importante considerar que la MEL está destinada a la operación y aeronavegabilidad de transporte comercial regular y no regular de pasajeros y carga (FAR 121 y 135), no es aplicable a las aeronaves livianas de aviación general.

La MEL tiene como objetivo principal establecer si es viable la realización de una operación de vuelo con uno o más sistemas o equipos de a bordo, con fallas conocidas. Cada aeronave posee la capacidad de operar de modo seguro con alguno de sus sistemas fuera de servicio o con funcionamiento parcial; hasta tanto se lleve a cabo una tarea de mantenimiento restaurativo o inspección.

Cuando se conozca la falla de un componente, se consultará la MEL y esta indicará cuales son las restricciones operacionales para realizar el vuelo o bien si este debe ser suspendido hasta tanto se realice el mantenimiento correspondiente.

	B-737-NG MINIMUM EQUIPMENT LIST	MEL.34 Page 1 16-Oct-18

34 – NAVIGATION

ITEM	1. REPAIR INTERVAL	2. NUMBER INSTALLED	3. NUMBER REQUIRED FOR DISPATCH	4. REMARKS OR EXCEPTIONS
01 Mach/Airspeed Indications				
01) Mach Indications	C	2	1	One may be inoperative provided one Mach/ Airspeed warning and Mach trim system operates normally.
01) Not Applicable				
02)	C	2	0	May be inoperative provided: a) Airplane remains at or below FL 280, and b) Airspeed remains at or below 320 KIAS. **DISPATCHER'S RESPONSIBILITIES** Plan flight for a maximum altitude of FL 280, and maximum 320 KIAS.
02) Not Applicable				
03) Not Applicable				
04) Not Applicable				
05) Not Applicable				
06) Not Applicable				

PLACARD
Near Mach Indicator, " MACH INOP ".
Two Mach Indication inoperative:
" MAX 320 KIAS "
" MAX FL 280 "

Rev. 75 16-Oct-18

Ejemplo de una sección de MEL de un Boeing 737-800

Entonces, ante una falla conocida y el uso de la MEL la tripulación determinará:

- Las restricciones y limitaciones de operación distintas a las especificadas en el AFM: procedimientos normales y procedimientos anormales.
- Cambios en los procedimientos normalizados.
- Desactivación o no uso de determinados sub sistemas.
- Decisión "go o no go"

Cada página de consulta de la MEL de todas las aeronaves certificadas está conformada por nueve ítems de información, que deberán ser correlacionados para obtener la restricción de operación o indicación necesaria. El ordenamiento internacional normalizado del documento, se realiza acorde con los siguientes títulos:

1. Aircraft: se identifica la aeronave, número de serie y matrícula.
2. Revisión NO: indica si es original o copia del documento original
3. Date: fecha de revisión y efectividad de la MEL
4. Page: número identificatorio de la revisión y página
5. System and sequence number: identifica al sistema y sub sistema de la aeronave de acuerdo con la codificación internacional ATA 100 (Nota 1)

6. ITEM: especificación de la categoría de operación, es decir, tiempo límite de operación de la aeronave con el sistema o equipo en cuestión inoperativo. Las categorías se dividen en A, B, C y D (Nota 2).

7. Number installed: cantidad de equipos instalados a bordo, y cuantos de ellos se encuentran fuera de servicio o con fallas conocidas.

8. Number required for dispatch: se establece cuales son y cuantos son los equipos que deben estar en servicio normal, para poder llevar a cabo el vuelo.

9. Remarks or exceptions: en esta sección se presentan excepciones o especificaciones precisas por casos particulares.

***Nota 1*:** El Código ATA es un estándar de la industria aerocomercial a través del que se identifican los sistemas y documentación de las aeronaves de transporte. La numeración de cada Código responde a la lógica de Sistema → subsistema → equipo o dispositivo. Se trata de un nomenclador con una codificación transversal a todos los fabricantes.

Por ejemplo: el código 21-60 equivale a: 21 sistema de aire acondicionado y 60 sub sistema de control de temperatura; por lo tanto el código 21-60 identificará al regulador de temperatura del aire acondicionado tanto en un Boeing 737, en un Airbus A320, un Gulfstream G5 o un Learjet 60, entre otros.

En el Anexo 1 del presente libro se encuentra el detalle de la codificación ATA implementada para la identificación de todos los sistemas de a bordo.

Nota 2:

- Reparación de categoría A: esta clasificación o categoría exige que se repare el sistema en cuestión dentro del intervalo de tiempo especificado en el apartado "comentarios o excepciones" de la columna o el operador aéreo ha aprobado MEL. Para intervalos de tiempo especificados en "días naturales" o "día de vuelo", el día de la avería se registró en el mantenimiento de aeronaves registro / libro de registro está excluido. Para todos los otros intervalos de tiempo (es decir, los vuelos, las piernas de vuelo, ciclos, horas, etc.), el seguimiento de la reparación se inicia en el momento en que el mal funcionamiento se aplace de conformidad con el MEL aprobado del operador.

- Reparación de categoría B: esta categoría exige que el sistema o componente se repare o recambie dentro de los 3 días calendario consecutivos (72 horas), excluyendo el día en que se registró la novedad en el registro de mantenimiento de aeronaves o RTV.

- Reparación de categoría C: esta categoría requiere que se lleve a cabo una tarea de mantenimiento dentro de los 10 días calendario consecutivos (240 horas) con respecto al hallazgo de la novedad. Esto excluye al día en que se registró la novedad en el registro de mantenimiento de aeronaves / cuaderno de bitácora.

- Reparación Categoría D: esta categoría exige que el mantenimiento debe ser llevado a cabo dentro de los 120 días calendario consecutivos (2880 horas) sin incluir el día en que se registró la novedad en el RTV.

Interpretación de una MEL

A continuación, se expone un ejemplo en un caso real de MEL aplicada a un avión bi-turbohélice Saab SF340. En el documento se puede observar que el operador posee cinco aeronaves en la flota, donde se identifica que dos de las cinco aeronaves poseen configuraciones o performances distintas.

	MINIMUM EQUIPMENT LIST	
Aircraft **SAAB 340**	Revision Nº 08 (Eight)	1-22
	Date: Jan / 14	Page 2 of 6

1. System & Sequence numbers	**2. Item**	**3. Category**	**4. Number Installed**	**5. Number required for Dispatch**	**6. Remarks or Exceptions**	
22	**AUTO FLIGHT**					
10-1	Autopilot System (Single or Dual Flight Director)	C	1	0	■ □	Any mode which functions normally may be used. See Annex 1 (Section 0-06, Page 1) NOTE: This Item MEL is applicable only to the following registration. **LV-ZZZ** (Single Flight Director) **LV-YYY** (Single Flight Director) **LV-XXX** (Single Flight Director) **LV-UUU** (Dual Flight Director) **LV-ZZ1** (Dual Flight Director)

MEL Saab SF340 del ATA 22 piloto automático.

La MEL deberá ser consultada cada vez que se inicie una nueva operación y se conozca la presencia de una falla o sistema fuera de servicio. Entonces, analicemos la siguiente situación:

De acuerdo con lo expuesto en los párrafos anteriores y en vista de la MEL se puede observar que el operador determinó que el sistema de director de vuelo del sistema de piloto automático, si bien no posee redundancia, puede presentar fallas; siempre y cuando pueda utilizarse todos los modos operacionales. Con respecto a la resolución de la novedad, el documento expresa que la falla deberá ser solucionada dentro de los 10 días o 240 horas de ocurrida la novedad.

El punto 6 es el que, direcciona aún más la respuesta sobre la operatividad de la aeronave. Allí se puede ver como se detalla cuales son las aeronaves de la flota que poseen sistemas simples o duales de director de vuelo. Es decir, la redundancia, podría dar una viabilidad a la presencia de una falla y que la función sea cubierta por el sistema redundando o secundario.

En caso de que, la novedad del director de vuelo asociado al piloto automático condiciona las funciones de vuelo autónomo; la tripulación podría determinar que la aeronave no se encuentra en condiciones seguras; y por ende, no realizar el vuelo programado.

Capítulo 4

Comunicaciones y Registradores de Vuelo

Comunicaciones radioeléctricas

El Capítulo 7 del Anexo 6 de la OACI establece los requerimientos básicos con relación a la instalación de equipos de comunicaciones, navegación y vigilancia de a bordo. Con respecto a los equipos de comunicación específicamente requiere que cada aeronave deberá estar provista de un sistema de radiocomunicaciones que permita:

- La comunicación en ambos sentidos a los fines de control y seguimiento.
- Recibir información meteorológica en cualquier momento del vuelo.
- La comunicación en ambos sentidos, en cualquier momento del vuelo con una estación aeronáutica por lo menos y con aquellas otras estaciones aeronáuticas y frecuencias que pueda requerir la autoridad de control del tránsito aéreo.
- Al menos, uno de los equipos de comunicación instalado a bordo, deberá poder transmitir y recibir comunicaciones en la frecuencia de emergencia aeronáutica de 121.5 mHz.

El uso de las comunicaciones

Las operaciones de radio de comunicaciones de aeronaves en todo el mundo utilizan modulación de amplitud, predominantemente banda lateral doble A3E con portadora completa en VHF y UHF, y banda lateral única J3E con portadora suprimida en HF. Además de ser simples, de bajo consumo y compatibles con equipos heredados, AM y SSB permiten que las estaciones más fuertes anulen las estaciones más débiles o interferentes.

Además, este método no sufre el efecto de captura que se encuentra en FM. Incluso si un piloto está transmitiendo, una torre de control puede "hablar" de que la transmisión y otras aeronaves escucharán una mezcla algo confusa de ambas transmisiones, en lugar de solo una u otra. Incluso si ambas transmisiones se reciben con una potencia de señal idéntica, se escuchará un heterodino en el que no se evidenciaría tal bloqueo en un sistema FM.

Tipos de frecuencias de radio

Las ondas de radio de diferentes frecuencias tienen características únicas a medida que se propagan a través de la atmósfera. Las ondas de muy baja frecuencia (VLF), LF y frecuencia media (MF) tienen longitudes de onda relativamente largas y utilizan antenas correspondientemente largas. Las ondas de radio producidas en estas frecuencias que van desde 3kHz a 3mHz se conocen como ondas de tierra u ondas de superficie. Esto se debe a que siguen la curvatura de la tierra a medida que viajan desde la antena de transmisión a la antena receptora. Las ondas de tierra son particularmente útiles para transmisiones de larga distancia. Los buscadores de dirección automáticos (ADF) y las ayudas de navegación LORAN utilizan estas frecuencias.

Las ondas de radio de alta frecuencia (HF) viajan en línea recta y no se curvan para seguir la superficie de la tierra. Esto limitaría las transmisiones desde la antena de transmisión a antenas de recepción solo en la línea de visión de la antena de transmisión, excepto por una característica única. Las ondas de radio HF rebotan en la capa de ionosfera de la atmósfera. Esta refracción extiende el rango de señales de HF más allá de la línea de visión. Como resultado, los aviones transoceánicos a menudo usan radios HF para la comunicación verbal; el rango de frecuencia que utilizan va desde 2 a 25 mHz.

Por encima de las transmisiones en ondas decamétricas, las ondas de radio se conocen como ondas espaciales. Esas ondas solo son capaces de transmisión de línea de vista y no se refractan fuera de la ionosfera. La mayoría de las comunicaciones de aviación y ayudas de navegación operan con ondas espaciales. Esto incluye ondas de radio VHF (30 a 300 mHz), UHF (300 mHz a 3 gHz) y súper alta frecuencia (SHF) 3 gHz a 30 gHz.

Las radios de comunicación VHF son las más utilizadas en la aviación. Este tipo de radio operan en el rango de frecuencia de 118.0 mHz a 136.975 mHz. Constan de setecientos veinte canales separados y distintos se han designado en este rango con un espacio de 25 kilohercios entre cada canal. Es posible una mayor división del ancho de banda, como en Europa, donde 8.33 kilohercios separan cada canal de comunicación VHF. Las radios VHF se utilizan para las comunicaciones entre aeronaves y control de tráfico aéreo (ATC), así como la comunicación aire-aire entre aeronaves. Cuando se utiliza VHF, cada parte transmite y recibe en el mismo canal. Solo una parte puede transmitir a la vez.

La calidad de las comunicaciones

El correcto enlace entre los controles terrestres y la aeronave dependen de una serie de variables, que pueden propiciar o perjudicar la calidad de las comunicaciones. En primer término, debe mencionarse que se debe presentar una combinación de tres elementos: aeronave, estación terrestre y condiciones atmosféricas. Estos tres grandes conjuntos deben estar "alineados" de modo tal que permiten una comunicación eficaz.

Las medidas de mitigación tendientes a mejorar la calidad de las comunicaciones se enmarcan en la mejora del campo electromagnético. La supresión de campos electromagnéticos no deseados y la interferencia electrostática es esencial en todas las aeronaves, no solo en las comunicaciones, sino también en el funcionamiento de las radioayudas. En radios de comunicación, los fenómenos adversos se manifiestan como ruido audible. En otros componentes, los efectos pueden no ser audibles pero plantear una amenaza para el correcto funcionamiento. Las grandes descargas de estática, también puede dañar permanentemente los dispositivos de estado sólido. Este tipo de equipos son sensibles a las descargas eléctricas.

La industria ha elaborado numerosas defensas tecnológicas para evitar y contener los problemas electromagnéticos. A continuación, se expone un breve resumen de las técnicas y dispositivos más usados y de mayor efectividad en las aeronaves.

Blindaje: una gran cantidad de componentes de una aeronave son fuentes posibles generadoras de interferencia eléctrica que puede deteriorar el rendimiento y la fiabilidad de los componentes de aviónica. Los dispositivos giroscópicos, motores eléctricos, dispositivos de conmutación, sistemas de encendido, hélice sistemas de control, líneas de alimentación de CA y reguladores de voltaje todos producen campos potencialmente dañinos. Es por ello por lo que, el blindaje de cables del los componentes eléctricos y sistemas de encendido disipan las radio frecuencia que producen ruido. En lugar de irradiar el campo electromagnético al espacio, el blindaje conductor trenzado guía flujos de corriente no deseados a masa o tierra. Para evitar la acumulación de potencial eléctrico, todos los componentes eléctricos también deben estar unidos a la aeronave estructura (descarga a tierra).

Aislamiento: el uso de aislantes es otro método práctico para el cuidado de los equipos de radiofrecuencia. El aislamiento genera una supresión de intercambio de ondas electromagnéticas que tienden a evitar interferencias. Esto implica separar la fuente del ruido de los circuitos de entrada del afectado equipo. En algunos casos, el ruido en un receptor puede ser completamente eliminado simplemente moviendo el cable de entrada de la antena solo a pocos centímetros de una fuente de ruido.

Cableado, conexión y aislamiento: la superficie de la aeronave puede estar altamente cargada de electricidad estática durante el vuelo; debido a los efectos físicos que produce el rozamiento de la masa de aire sobre el fuselaje. En función de ello, es necesario aplicar medidas para eliminar la acumulación y radiación de cargas estáticas no deseadas. Las cargas que fluyen en caminos de resistencia variable debido a causas intermitentes contacto por vibración o el movimiento de una superficie de control pueden producir perturbaciones electromagnéticas (ruido) en los sistemas de aviónica y de comunicaciones. El cableado adecuado (y en buen estado), las conexiones, y vinculación adecuada proporcionan un adecuado flujo eléctrico entre los elementos conductores y las descargas a tierra. Un sistema con conexiones y descargas adecuadas, proporciona un retorno a tierra de baja impedancia que minimiza la interferencia de las cargas de electricidad estática.

Vista de sistema de montaje y aislamiento de equipos de radio y aviónica.

Descargas estáticas: las descargas estáticas se instalan en los aviones para reducir la interferencia de los receptores de radio comunicaciones. Las interferencias en la aeronave se producen por la descarga de corona emitida por el avión como resultado de la precipitación estática. La interferencia se produce habitualmente en forma de pulsos cortos que producen ruidos (sonido retrógrado) en el espectro de radiofrecuencia ("frituras").

Las descargas estáticas se instalan normalmente en los bordes de fuga de las superficies de control, extremos de las alas y el estabilizador vertical. Esos dispositivos descargan la acumulación estática en puntos a una distancia crítica de las antenas de aviónica donde hay poco o ningún acoplamiento de la estática para causar interferencia o ruido.

El SELCAL o llamado selectivo

Las comunicaciones aeronáuticas, en general, emplean frecuencias de VHF; más exactamente en un rango entre 108,00 y 136,975 MHz. Sin embargo, este sistema posee una deficiencia importante: las ondas se propagan en línea recta, como un haz de luz, de modo que tiene un "alcance visual"; tal como se expuso en párrafos anteriores. Por esta razón el alcance de la radio y los equipos de navegación (como el VOR) son tanto mayores cuanto mayor es la altitud.

Por lo tanto, en los vuelos a larga distancia (especialmente aquellos que transcurren sobre grandes masas de agua) se pierde el enlace radio con cualquier otra estación distinta de los tráficos más cercanos. Por esa razón se empezaron a usar las radios en HF, que funcionan en frecuencias de 3 a 30 MHz. La ventaja de estas radios es que tienen un alcance mucho mayor, pues se reflejan en una de las capas de la atmósfera: la ionosfera.

El impacto de los rayos solares en esa capa de la atmósfera provoca una emisión basal o retrógrada de radio. En otras palabras: en VHF, si nadie habla, no se oye nada. Pero en HF, aun cuando no haya ninguna transmisión, se recibe un sonido de estática continuo y muy molesto. En función de ello, la industria aeronáutica desarrolló un sistema de comunicaciones en HF, con códigos de identificación propio, conocido como SELCAL.

Las señales SELCAL pueden transmitirse a través de bandas HF o VHF RTF. Una transmisión SELCAL consiste en una combinación de cuatro tonos de audio preseleccionados que tarda aproximadamente dos segundos en transmitirse. Los tonos son generados por un codificador SELCAL en las estaciones terrestres y recibidos por un decodificador conectado a la salida de audio del receptor de la aeronave. El sistema SELCAL puede evitar que una tripulación de vuelo mantenga una vigilancia de escucha en las frecuencias asignadas, lo que puede ser especialmente útil cuando el ATC RTF aún depende de ruidosos canales de HF.

La recepción de un código SELCAL asignado activa un sistema de llamada de la cabina de vuelo que puede ser una luz, un timbre audible o ambos. En las aeronaves equipadas con SELCAL, la tripulación de vuelo puede mantener la vigilancia del sistema a través de los headset o parlantes de la cabina de vuelo.

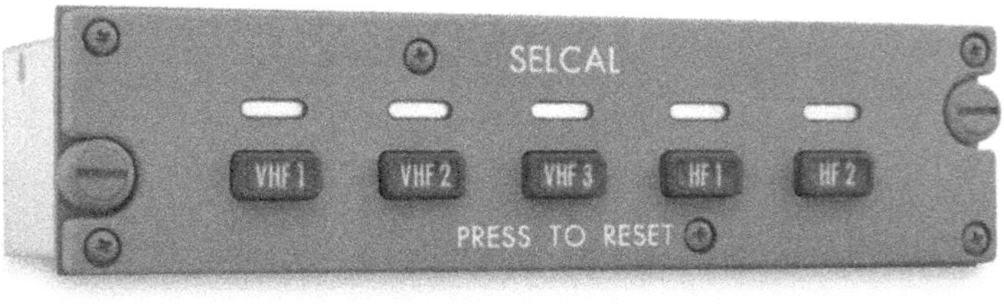

Es importante señalar que, los códigos SELCAL se asignan a operadores de aeronaves y no a aeronaves individuales. Existe un órgano y sistema internacional llamado Aviation Spectrum Resources (ASRI) que es el responsable de registrar los códigos SELCAL en todo el mundo.

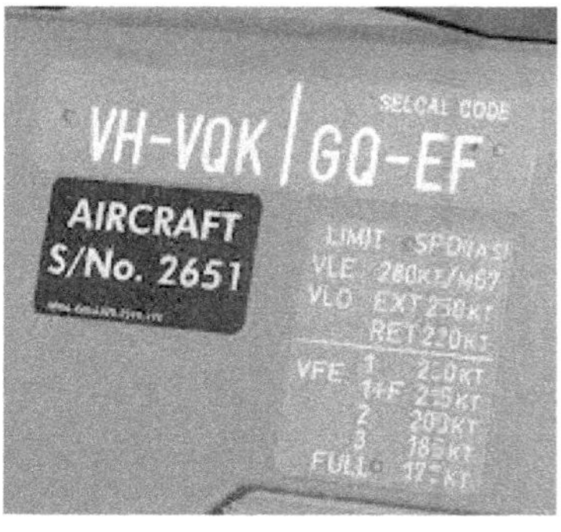

Las unidades SELCAL más antiguas se basan en 12 tonos y se comparten con otras aeronaves. ASRI, como el registrador SELCAL, históricamente ha tratado de minimizar la asignación de códigos SELCAL duplicados potencialmente conflictivos al relacionar la asignación de códigos con el área geográfica de operación de la aeronave. Esto ha sido cada vez menos exitoso y ahora no es inusual tener más de un avión con la misma identificación SELCAL operando en la misma área geográfica al mismo tiempo. Se recomienda a los operadores que utilizan estos códigos de 12 tonos que avisen a ASR de los cambios en las áreas geográficas de operación de sus aeronaves. Las unidades SELCAL actuales funcionan con 16 tonos y también se asignan de forma compartida, ya que muy pocos códigos SELCAL disponibles permanecen sin asignar. Actualmente, la OACI no ha presentado documentos de trabajo o pedidos de estudios específicos con el objetivo de aumentar el número de tonos disponibles.

Vista del panel NAV/COM de un Gulfstream G450, donde se observa el conjunto de mandos de comunicación y la selección del SELCAL

Registradores de vuelo

Es cierto que el común de la industria identifica más la expresión *caja negra*, que registrador de vuelo. Pero… ¿De dónde viene ese nombre?

No hay una única y taxativa respuesta. La génesis puede encontrarse en dos orígenes. Por un lado, todos los equipos de navegación, comunicación y control, incluso los actuales de aviónica digital, poseen un formato de "caja" y son de color negro. Los primeros registradores producidos en serie, poseían ese formato, por lo que podían mimetizarse con el resto de los equipos electrónicos.

Durante el transcurso de la guerra, los equipos eran conocidos en el ámbito técnico como "caja de trucos" (*box of tricks*), haciendo referencia directa a las cajas utilizadas por magos e ilusionistas durante sus actos. Según crónicas históricas, luego de los tiempos de guerra, el nombre fue mutando y simplificándose a *black box*.

La segunda teoría sobre el origen del nombre, refiere al color negro, como sinónimo de luto o tragedia. El uso de la información registrada en estos dispositivos siempre estuvo destinada al análisis de un accidente. Una situación extrema, de la que deberían obtenerse causas, conclusiones y enseñanzas para el futuro. Por lo tanto, se vinculó al color negro con la funcionalidad en las tragedias de los registradores.

La realidad marca que los registradores de vuelo y voces, son de color naranja; como es conocido en toda la industria. En la actualidad, nada tienen que ver con una "caja negra", sin embargo, algunos, aún hoy, utilizan este nombre.

Requisitos de la Organización de Aviación Civil Internacional

El Anexo 6 "Operación de Aeronaves" al Convenio sobre Aviación Civil Internacional (Chicago/44), en su Adjunto D editado en 2001, establece la obligatoriedad de instalación de equipos registradores de vuelo. Si bien los Anexos de OACI son normativas generales, de las que luego los distintos Estados regulan para sí sobre los mandatos internacionales, es importante destacar la exigencia general que establece el Adjunto D del Anexo 6 para la aviación de transporte. Los párrafos 1.1.2 y 1.1.3 establecen lo siguiente con respecto a los registradores de datos de vuelo:

- El equipo debe estar pintado de un color llamativo (anaranjado o amarillo).
- Debe estar equipado con bandas o materiales refractantes para facilitar su localización.
- Debe tener instalado, de forma segura, un dispositivo de localización submarina.
- Deberá estar energizado a través de una barra colectora que ofrezca la máxima confiabilidad de funcionamiento, sin comprometer la carga del resto de los sistemas de a bordo.
- Debe estar ubicado (preferentemente en el mamparo posterior del fuselaje), en la zona de la aeronave que le permita la mayor supervivencia al daño ante un potencial accidente o impacto.
- Debe existir un dispositivo u elemento de rápido acceso que permita confirmar el estado de servicio del equipo antes de cada vuelo.

Según este Adjunto, los FDR se dividen en tres grupos. Para los FDR Tipo I queda establecido que por lo menos deben registrar 32 parámetros (dependiendo del tipo de aeronave y su tecnología). Para los FDR Tipo II y IIA, tienen que tener la capacidad de registrar al menos 15 parámetros.

Con respecto a los registradores de voces de cabina (CVR), el Adjunto D exige como mínimo las siguientes características de registro y resguardo:

- Radiocomunicaciones transmitidas o recibidas en la aeronave.
- Sonidos de ambiente de la cabina de vuelo.
- Comunicaciones orales de la tripulación realizadas a través del intercomunicador de a bordo.
- Comunicaciones digitales con los ATS, salvo cuando estas sean registradas en el FDR.
- El equipo debe cumplir las mismas condiciones que el FDR en cuanto a su localización e individualización.

En cuanto al formato de registro, quedó establecido que el audio del CVR deberá estar discriminado en cuatro canales independientes. De este modo, en el canal o pista 1 deberá registrarse el micrófono y auriculares del puesto de copiloto, el canal o pista 2 el micrófono y auriculares del puesto de piloto, el canal o pista 3 un micrófono local o micrófono de ambiente de cabina y el canal o pista 4 el micrófono de un tercer tripulante o micrófono de anuncio a los pasajeros (según corresponda al tipo de aeronave).

La OACI también reguló la gestión y uso de la información contenida en los registradores de vuelo y su uso en la investigación de accidentes e incidentes de aviación. Estos procesos se encuentran normados en el Anexo 13 “Investigación de accidentes de aviación”. Ese documento determina el carácter de confidencial de los registros de los equipos en el marco de la investigación de un accidente o incidente (ref. *párrafo 5.12 Anexo 13*).

En cuanto al manejo de la información resguardada, el Anexo 13 contiene al Adjunto D "Directrices sobre la lectura y análisis de los registradores de vuelo". Esta sección del documento principal expone los lineamientos generales que deben tener en cuenta las agencias gubernamentales en cuanto a los protocolos de trabajo con los equipos de registro instalados en una aeronave accidentada. Como primera acción en el trabajo de análisis, el Adjunto D establece que las instalaciones para la tarea, deben reunir las siguientes condiciones:

- Capacidad para desmontar y leer los registradores que hayan sufrido daños considerables.
- Capacidad para la lectura del módulo original de grabación/ memoria sin necesidad de utilizar un dispositivo de copia del fabricante o la caja del registrador objeto del accidente o incidente
- Capacidad para analizar/interpretar manualmente la forma de onda binaria bruta de los registradores de datos de vuelo de cinta digital
- Capacidad para aumentar y filtrar las grabaciones de voz digitalmente por medio de programas de computadora apropiados.
- Capacidad para analizar gráficamente los datos, derivar los parámetros adicionales que no estén registrados explícitamente, validar los datos mediante verificación cruzada, y otros métodos analíticos para determinar la exactitud y limitaciones de los datos.

Si se imagina una línea de tiempo vinculada con especificaciones técnicas certificadas para registradores de vuelo, esta debería comenzar el 1 de agosto de 1958. En esa fecha fue promulgada la TSO C51, primera norma específica que regulaba las especificaciones de los registradores de datos de vuelo. En su momento, el Departamento de Comercio de los EE. UU. era el ente gubernamental donde se alojaba la Administración de Aviación Civil (*CAA – Civil Aviation Administration*) de ese país (hoy

FAA). La regulación del administrador parte 514 era el grupo normativo donde se agrupaban las órdenes técnicas estándar.

Esa primera regulación TSO establecía que los FDR debían registrar parámetros de información en intervalos no mayor a un minuto. Además, definía cuatro áreas de especificidad que debían cumplir los equipos, los requerimientos eran:

Vibración: los equipos debía operar con precisión y seguridad en un rango de 5 a 500 ciclos por segundo, con una amplitud máxima de 0,036 pulgadas y máximo de aceleraciones de 10 g.

Altitud: todos los equipos debían estar preparados para operar con seguridad en un rango de altitud que iba de los -1000 a los 50000 pies. Vinculado a ello, y de acuerdo a lo establecido en el informe NACA 1235, debían poseer una amplitud de operación de 50 a 3 inHg de presión absoluta.

Radiointerferencia: cada uno de los equipos debía asegurar que no se produzcan interferencias con los sistemas de aviónica y comunicación de la aeronave; tanto de modo unitario, como en el conjunto ya instalado a bordo. La norma no establecía valores o parámetros de referencia para ello.

Efecto magnético: al igual que con la radiointerferencia, todos los equipos debían asegurar la no interferencia con cualquier equipo electromagnético de a bordo.

Poco tiempo más tarde, el 12 de junio de 1958, la CAA publicó el documento "*Instrument standard for aircraft flight recorder*". En esa nueva publicación se detallaron mayor cantidad de requerimientos y especificidades para los FDR; por lo tanto, quedaron expuestos los mínimos imponibles en cuanto a condiciones medioambientales de servicio, temperatura, humedad, presión de altitud, aceleración vertical, velocidad, rumbo, resolución y calidad de los registros, medios de protección de la información, alimentación de los equipos, impacto, entre los más destacados. Asimismo, fueron establecidos los métodos y procedimientos para las pruebas de certificación; podría asumirse que esos requisitos fueron el rudimento de la actual norma ED-112.

Algunos años más tarde, ya puede comenzarse a hablar de la FAA. La Agencia Federal de Administración de la Aviación en los EE. UU. (*FAA – Federal Aviation Administration*) es la autoridad aeronáutica responsable de la certificación de los productos aeronáuticos de ese Estado. Como es sabido, los EE. UU. son uno de los principales productores mundiales de la industria aeroespacial; es por ello que sus normas de certificación, homologación y estándares de calidad se han adoptado alrededor del mundo.

En cuento a la regulación de los equipos registradores, el CFR 14 (*Code of Federal Regulation*) FAR 25, FAR 121 y FAR 135 establecen los requisitos de fabricación, certificación, operación y datos, que deben reunir tanto los registradores de datos de vuelo, como los de voces de cabina. Como primera consideración normativa debe tenerse en cuenta lo establecido en las reglas generales de vuelo y operación, desarrolladas en la FAR 91.

La FAR 91.609 dispone que ningún tenedor de un certificado de explotador aéreo podrá operar una aeronave a menos que disponga de registradores de voces de cabina y datos de vuelo, de acuerdo a lo que requiera específicamente las normas que regulen su actividad, tipo de operación y/o aeronave. La FAR 91.609 establece las cuatro excepciones básicas por las que una aeronave podrá operar sin los registradores, ellas son:

- Vuelo de traslado en vacío (ferry) con intenciones de mantenimiento, donde se demuestre que es imposible contar con uno o ambos equipos en servicio.
- Continuar un vuelo originalmente planificado, cuando uno o ambos registradores se detecte que están fuera de servicio, luego de la fase de despegue.
- Llevar a cabo un vuelo de prueba de aeronavegabilidad, donde sea necesaria la desconexión del sistema eléctrico u otro asociado a los equipos registradores de vuelo.
- Vuelo de traslado en vacío desde el lugar de compra o adquisición de la aeronave, hasta un punto donde los registradores serán instalados.

Con relación a los registradores de voces de cabina, la regulación específica para la aviación comercial regular se encuentra expuesta en la FAR 121 subparte K párrafo 121.359. Esta normativa requiere que a partir del 31 de agosto de 1977 ninguna aeronave de transporte podrá operar en esta categoría a menos que posea instalado un equipo CVR. Al igual que el caso de los FDR, los CVR deberán cumplir las exigencias de reconocimiento, supervivencia, dimensiones y demás especificaciones detalladas en el Anexo 6 de OACI.

La instalación de los equipos deberá estar realizada en concordancia a lo establecido en las normas de certificación de productos aeronáuticos FAR 23.1457 o FAR 25.1457. Los CVR deberán funcionar de modo continuo y como mínimo, deberán registrar el audio desde que la tripulación realiza la primera lista de control de procedimientos a bordo, hasta que finaliza con la última lista de control, con posterioridad al aterrizaje. El tiempo mínimo de registro, quedó establecido en los últimos 30 minutos de operación de la aeronave.

Para aquellas aeronaves certificadas y fabricadas con posterioridad al 7 de abril de 2010, la FAR 121.359(j) estableció que todas las aeronaves de transporte comercial regular, deberán estar equipadas con registradores de voces de cabina que cumplan los mínimos establecidos en la orden técnica estándar TSO-C123a, al tiempo que requirió que el tiempo mínimo de registro de audio pase a ser de dos horas.

Actualmente se encuentra en desarrollo una nueva versión de la TSO. La TSO-C123c, que a la edición de la presente obra no cuenta con fecha de emisión y efectividad, establecerá nuevas exigencias para los CVR, discriminándolos en aquellos equipos simples, los equipos de registro combinado (FDR + CVR) y los equipos con capacidad de desmontar el dispositivo de grabación y registro. En todos los casos, se requerirá el cumplimiento de la norma EUROCAE ED-112A para los estándares de seguridad y supervivencia de los equipos.

Como complemento de la capacidad de registro y resguardo de información, la FAR 121.359(k), establece que toda aeronave de transporte certificada y fabricada con posterioridad al 6 de diciembre de 2010; además de estar equipada con CVR y FDR, deberá poseer instalado un equipo digital de registro de mensajes digitales y transferencia de paquete de datos entre la aeronave y su base en tierra.

Con referencia al requisito de instalación y uso de los sistemas de registro de mensajes digitales (DLR – Data Link Recorder), la FAA se encuentra desarrollando un documento de orden técnica estándar, sin fecha de efectividad (a la edición de la presente obra). La TSO-C177a es el documento que desarrollará los estándares mínimos de seguridad, supervivencia y operación para los sistemas DLR. La finalidad de los dispositivos DLR será la de recibir, procesar, registrar y preservar la información relacionada con la navegación y gestión del control de tránsito aéreo (CNS/ATM) realizada a través de mensajes digitales y transferencia de datos.

Supervivencia de los registradores

Más allá de los requisitos de certificación establecidos en las normativas mencionadas en los párrafos anteriores, los equipos registradores de datos de vuelo; para que cumplan con su cometido, deben cumplir con valores mínimos de condiciones de supervivencia.

Con respecto a ello, la Orden Técnica Estándar de FAA TSO-C124b establece como valores mínimos de supervivencia los expuestos en la norma EUROCAE ED-112A "*Minimum Operational Performances Specification for Crash Protected Airborne Recorder System*" publicada en septiembre de 2013. EUROCAE es un Consejo Técnico formado por un grupo de expertos en certificación y seguridad, dedicado a la investigación y desarrollos de normas para la industria aeroespacial.

Sus miembros pertenecen a fabricantes como Dassault Aviation, Airbus, EASA, INDRA, Rokwell Collins, Thales, entre otros. Las normas y especificaciones desarrolladas por EUROCAE luego son adoptadas por los distintos Estados y/o autoridades aeronáuticas.

En el caso de los registradores de vuelo, la EUROCAE ED-112 fue adoptada por la TSO C124b para los FDR, la TSO-C177a requiere la adopción de la norma para los equipos de registro y transmisión de datos para los FDR, mientras que la TSO-C123c establece esos mismos mínimos para los equipos registradores de voces de cabina. Por lo tanto, todos los medios de registro protegidos (FDR y CVR) deberán cumplir con los siguientes valores mínimos relacionados con la supervivencia ante un accidente:

- Tolerancia al impacto: 3400 G´s aplicadas en 6,5 mseg sobre cualquiera de los ejes.
- Penetración: debe resistir una carga aplicada sobre cualquier punto del medio protegido por parte de un cuerpo extraño (penetrador) de ¼ de pulgada de dimensión con un peso de 500 libras, arrojado desde 10 pies de altura.
- Compresión estática: 5000 libras de carga, aplicadas durante 5 minutos, sobre cualquiera de los ejes.
- Incendio de baja temperatura: 260° C durante 10 horas
- Incendio de alta temperatura: 1100° C durante 60 minutos
- Inmersión en agua salada (mar): 30 días
- Presión de columna de agua (profundidad de inmersión): 20000 pies durante 24 horas
- Inmersión en fluidos: 48 horas

A los efectos de cumplir lo especificado en el Anexo 6 de OACI respecto con la localización de los equipos post accidente, la TSO-C124b establece dimensiones mínimas requeridas. Si bien el avance tecnológico y el advenimiento de la tecnología de estado sólido han permitido la reducción de las dimensiones de todos los dispositivos electrónicos; esta norma establece valores de referencia de modo independiente a la tecnología que utilicen. El mismo criterio adoptado para los registradores de datos de vuelo, es aplicable a los registradores de voces de cabina.

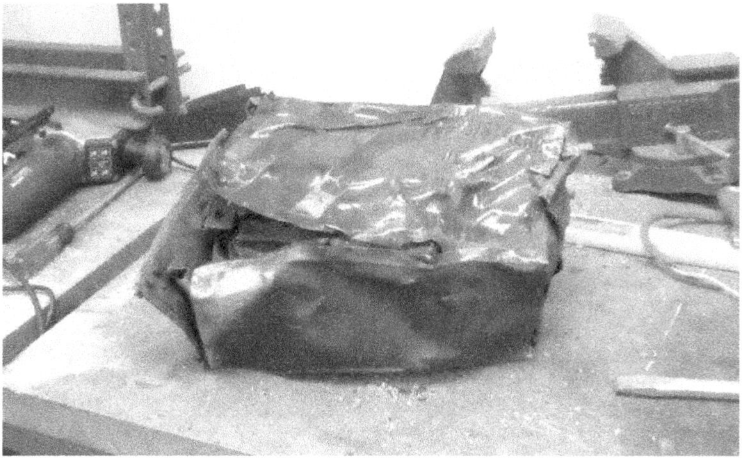

Vista de un FDR de cinta digital destruido producto de un accidente. A pesar de los daños observados, se pudo obtener la información contenida.

Registradores de datos de vuelo (FDR)

Generalidades

Como ya se expuso en el primer capítulo de la presente obra, los registradores de datos de vuelo conviven en la industria aeronáutica desde la década de 1950. A lo largo de la historia fueron evolucionando, conforme avanzó la tecnificación de las aeronaves, los requerimientos tecnológicos y reglamentarios vinculados a la seguridad operacional y la investigación de accidentes e incidentes.

Se trata de equipos de uso obligatorio en la aviación comercial, considerados dentro del concepto de aeronavegabilidad continuada. El avance tecnológico de la industria los transformó de dispositivos de almacenamiento de información útiles en la investigación de accidentes e incidentes, a una herramienta indispensable en la supervisión, seguimiento, mejora y capacitación vinculado con las operaciones y la seguridad. Es decir, han pasado de ser una herramienta de uso reactivo ante un hecho puntual, a un sistema predictivo; asociado a los programas de aseguramiento de la calidad de las operaciones en las líneas aéreas.

Según el Anexo 6 de OACI, existen distintos tipos de registradores de vuelo.

Registradores de cinta metálica (en desuso)

Los primeros FDR utilizados en la aviación comercial pueden considerarse como una "máquina compleja", casi un sistema de relojería que interpretaba dados físicos y los transmutaba en inscripciones lineales en una hoja metálica. Suena complejo ¿No? Realmente lo eran.

Los FDR, conocidos en la época como registradores oscilográficos, registraban la información a través de un sistema y técnica conocido como gravado mecánico sobre hoja metálica (*ver Figura 1*). Estos primeros registradores comenzaron a equipar a los Boeing 707, McDonnell Douglas DC-8, Sud Aviation SE-210 Caravelle, DeHavilland DH-106 Comet, entre otros durante la década de 1960. En estos equipos, los datos ingresaban directamente desde los sensores de la aeronave, para ser procesados y almacenados. Los FDR de cinta metálica registraban alrededor de 100 horas continuas de operación. La cantidad de parámetros procesados era escasa, sólo contaba con cinco, de acuerdo al siguiente detalle (*):

- Escala de tiempo
- Pulsaciones VHF
- Altitud
- Velocidad
- Rumbo magnético

Registrador de datos de vuelo de cinta metálica, con daños post accidente.

Este tipo de equipos poseían tres subconjuntos. El primero formado por la estructura resistente exterior junto con la baliza de localización submarina (ULB). El segundo, se trataba de un sistema con la capacidad de transducir valores de presión (altitud y velocidad), indicación de rumbo magnético y contacto radioeléctrico, a un impulso mecánico que comandaba un indentador o palpador capaz de grabar o generar un rastro mecánico sobre la hoja metálica de registro. El tercer subconjunto se trataba del dispositivo de carrete de hoja metálica donde era resguardada la información, este último se conocía como "cartucho" o "magazine".

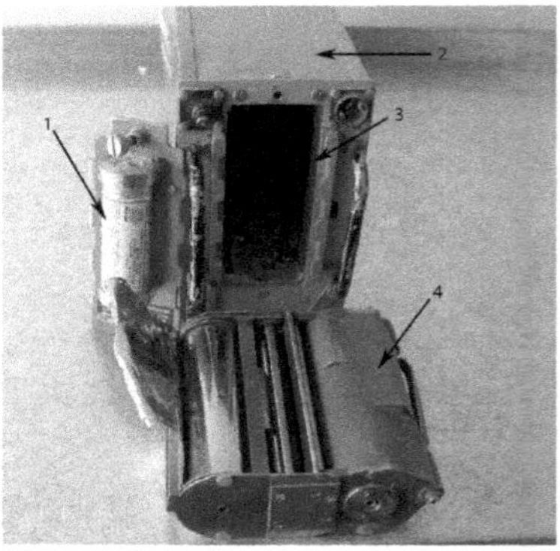

Detalle del conjunto de FDR de hoja metálica.

1. Baliza de localización submarina (ULB)
2. Estructura resistente
3. Alojamiento del dispositivo de registro y sistema de codificación de los parámetros
4. Magazine de resguardo de la información

Registradores de cinta magnetofónica

La incorporación de tecnología electrónica y la introducción de la cinta magnetofónica o magnética a los equipos registradores de vuelo, produjo un salto tecnológico cualitativo. En la industria aeroespacial, este tipo de equipos se los dio en llamar como "segunda generación de FDR". Los FDR de cinta magnetofónica comenzaron a utilizarse en la industria con un mínimo de registro de 11 parámetros, para luego pasar a registrar una mayor cantidad, conforme avanzó la tecnología. Con respecto a ello, cabe señalar dos tipo de equipos; en primer término los de cinta magnetofónica analógica y luego los de cinta magnetofónica digital. Los FDR de cinta digital, son considerados otro salto tecnológico beneficios para la investigación y seguridad, ya que con ellos se volvió a ampliar la cantidad de parámetros registrados, esta vez, hasta cientos de ellos.

FDR de cinta magnética digital Loral Fairchild F-800.

El equipo de cinta magnetofónica no dista tanto en la estética del de hoja metálica, que ya se venía utilizando en la industria. Básicamente el FDR cuenta con un conjunto electrónico de transferencia y proceso de datos, una estructura con una baliza de localización submarina, y lo más importante, el medio de registro protegido. A simple vista, un FDR de cinta magnética es similar a un registrador de voces de cabina de cinta magnética.

Medio de registro protegido de un FDR de cinta magnética analógica.

En esta figura se pueden apreciar los elementos más significativos de una unidad de datos protegida, para registrador de datos de vuelo de cinta magnética analógica. A continuación, se enumeran las partes destacadas en la imagen:

1. Estructura del contenedor protegido
2. Zona de anclaje y unión de la estructura
3. Conector de transferencia de datos
4. Estructura interior de protección mecánica
5. Material de protección y disipación de temperatura

6. Carrete de cinta sinfín
7. Cinta magnetofónica analógica
8. Cabezales magnetofónicos de registro

El conjunto de unidad protegida (conocida en el argot técnico como "*tortuga*") es el encargado de preservar todos los datos. Para ello, cuenta con las protecciones que se observan en la Figura anterior En el presente caso, la protección está dada por una doble estructura de acero resistente (detalles 1 y 4), una aislación de sellante y junta de hermeticidad (detalle 2) y un recubrimiento intermedio de material fusionable (detalle 5); este último cumple la función de acumular la energía térmica en caso de incendio y disiparla a través de la fusión y cambio de estado de agregación del material. El cambio de estado del material aislante produce un efecto de disipación de la temperatura, que propicia la protección de la cinta interna.

Los requisitos específicos de este tipo de FDR y sistemas de registro se encuentran plasmados en la TSO C51 y la posterior TSO C51a. Estas órdenes técnicas estándar establecen las performances mínimas que deben cumplir los registradores de datos de vuelo. Al igual que lo establecido en la histórica TSO C51 de 1958 mencionada en el primer capítulo de la presente obra, la TSO C51a del 1 de enero de 1990 requiere condiciones respecto con:

- Temperatura: de modo independiente a la zona de instalación en la aeronave, todos los equipos deben funcionar en un rango de temperaturas que va desde los -55° a los 70° C.
- Humedad: los registradores deberán funcionar de modo confiable en un espectro de valores de humedad que va de 0 al 95 %, considerando una temperatura media de 32° C.

- Vibración: considerando que el equipo debe ser instalado de acuerdo con las especificaciones técnicas de cada uno de los fabricantes, el FDR debe estar protegido y funcionará de modo seguro dentro de un entorno vibratorio que va desde los 5 a los 500 ciclos por segundo, con una amplitud máxima doble de 0,036 pulgadas y un máximo de 10 g aplicadas.
- Altitud: todos los registradores deben funcionar y registrar información de modo confiable en altitudes que van desde los -1000 a los 50000 pies. Los registradores no debe ser afectados por presiones de entre 3 a 50 inHg (Ref. informe NACA N° 1235).

Registradores de estado sólido

Los registradores de vuelo de estado sólido (SSFDR) es el último salto de la tecnología. Estos equipos combinan las capacidades de registro de los circuitos integrados, junto con materiales y elementos de protección de la información; que los transforma en una herramienta de muy alta confiabilidad en el proceso y almacenamiento de información; incluso ante un accidente catastrófico de la aeronave.

Los SSFDR certificados e instalados en aeronaves de transporte cumplen, como mínimo, con las especificaciones de requisitos de performances mínimas para la operación (MOPR) establecidas en la siguiente normativa:

- EUROCAE ED-55 Clase 1A
- EUROCAE ED-56a
- FAA TSO C124
- ARINC 747

En general, todos los SSFDR cuentan con una unidad modular a prueba de impacto y daño (*CSMU – Modular Crash Survivable Memory Unit*). Esta unidad contiene el conjunto de circuitos integrados destinados al registro y almacenamiento de la información y es la que posee todos los materiales y medios para la preservación de la información en caso de impacto, incendio, inmersión, presión, etc. Todos los equipos, al igual que los de las tecnologías anteriores, deben disponer de balizas de localización submarina (ULB).

A modo de ejemplo, en la siguiente imagen se puede observar la configuración general de un SSDFR utilizado actualmente en el mercado.

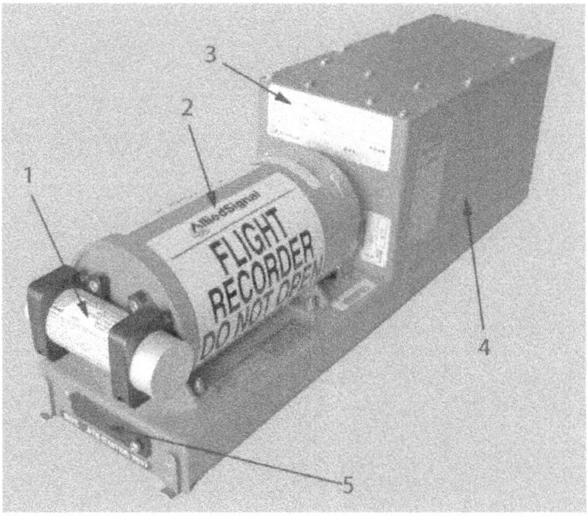

En esta figura pueden observarse los elementos fundamentales de un SSFDR, de acuerdo al siguiente detalle:

1. Baliza ULB
2. Unidad CSMU
3. Placa identificatoria del equipo
4. Sistemas electrónicos de procesamiento

Un SSFDR promedio posee características técnicas que, no solo lo transforman en una herramienta vital para el análisis de un gran cúmulo de información, sino que también lo caracterizan por ser un equipo de muy alta confiabilidad en servicio, bajos costes de mantenimiento, gran adaptabilidad a los sistemas de la aeronave, compatibilidad con distintas unidades digitales de adquisición de datos, entre otras particularidades. En general, pueden marcarse los siguientes beneficios:

- Tiempo promedio de servicio y expectativa a fallo de más de 20.000 horas.
- No posee tareas de mantenimiento preventivo o restaurativo programadas.
- En general, los equipos están formados básicamente por tres unidades o conjuntos, reemplazable de modo individual.

Vista de la representación de un vuelo de una aeronave Boeing 737-500 a través de la información del FDR.

Registradores de voces de cabina

Los primeros CVR usaban grabación de cable analógica, luego fueron reemplazados por la tecnología de cinta magnética analógica. Algunas de las unidades de cinta usaban dos carretes, con la cinta invirtiéndose automáticamente en cada extremo.

Actualmente, los CVR más utilizados en el transporte comercial son capaces de grabar 4 canales de datos de audio durante un período de 2 horas. Se encontró que el requisito anterior para que un CVR registre durante 30 minutos es insuficiente en muchos casos.

En algunas investigaciones de accidentes, faltaban partes significativas de los datos de audio pertinentes, ya que ocurrían más de 30 minutos antes del final de la grabación (la capacidad de la cinta daría como resultado que se sobrescribiera la información de audio cada 30 minutos).

Los últimos CVR utilizan memoria de estado sólido y técnicas de grabación digital que los hacen mucho más resistentes a golpes, vibraciones y humedad.

Con los requisitos de energía reducidos de los registradores de estado sólido, es posible incorporar una batería en las unidades, de modo que la grabación pueda continuar hasta la finalización del vuelo, incluso si falla el sistema eléctrico de la aeronave.

Actualmente, la mayoría de los equipos en servicio poseen un registro de 2 horas. Esas dos horas de grabación se encuentran dispuestas en cuatro canales de registro, los que provienen de cuatro fuentes distintas:

- Micrófono del puesto de piloto

- Micrófono del puesto de copiloto
- Micrófono de ambiente de cabina
- Canal de Comunicaciones general

vista de un registrador de voces de cabina de estado sólido L3Harris FA2100

Aviation Bookstore
aviation step by step

Aviation Bookstore
aviation step by step